相分离法
制备多孔材料及其应用

主　编　米亚策

副主编　张永锋

中国水利水电出版社

www.waterpub.com.cn

·北京·

内 容 提 要

本书围绕相分离法,系统深入地介绍了多种多孔材料的制备、应用及研究进展。全书共分 6 章,内容包括多孔材料的制备研究进展、相分离理论基础、反应诱导相分离法制备环氧树脂多孔材料、热致相分离法制备粉煤灰多孔玻璃、多孔材料在膜乳化技术中的应用、总结与展望。

本书具有较强的技术性与针对性,可供从事材料、化工专业的师生及相关专家学者参考阅读。

图书在版编目(CIP)数据

相分离法制备多孔材料及其应用 / 米亚策主编. --
北京 : 中国水利水电出版社,2022.6
ISBN 978-7-5226-0837-2

Ⅰ. ①相… Ⅱ. ①米… Ⅲ. ①相分离-制备-多孔性
材料 Ⅳ. ①O792②TB4

中国版本图书馆CIP数据核字(2022)第119230号

书　　名	相分离法制备多孔材料及其应用 XIANGFENLIFA ZHIBEI DUOKONG CAILIAO JI QI YINGYONG
作　　者	主编　米亚策　副主编　张永锋
出版发行	中国水利水电出版社 (北京市海淀区玉渊潭南路 1 号 D 座　100038) 网址:www.waterpub.com.cn E-mail:sales@mwr.gov.cn 电话:(010)68545888(营销中心)
经　　售	北京科水图书销售有限公司 电话:(010)68545874、63202643 全国各地新华书店和相关出版物销售网点
排　　版	中国水利水电出版社微机排版中心
印　　刷	天津嘉恒印务有限公司
规　　格	184mm×260mm　16 开本　8 印张　195 千字
版　　次	2022 年 6 月第 1 版　2022 年 6 月第 1 次印刷
印　　数	0001—2000 册
定　　价	65.00 元

相分离法可用于制备多孔材料，利用该方法制备得到的多孔材料形貌包括闭孔结构、连续骨架结构和颗粒堆积结构，与其他多孔材料的制备方法相比，该方法工艺简单易操作，材料结构规则可控。

本书围绕相分离法介绍了多种多孔材料的制备与应用研究进展。全书共分6章，第1章系统介绍了多孔玻璃、多孔陶瓷和多孔聚合物的制备研究进展。第2章详细介绍了相分离理论基础，重点介绍了反应诱导相分离机理，以及反应诱导相分离法制备多孔材料的影响因素。第3章以多孔环氧树脂的制备为例，从反应动力学和相分离动力学两个角度分析了关键因素的影响机制，并介绍了一种可在不引入新组分的情况下，利用固体颗粒实现环氧树脂多孔材料微观结构的精细调控的新的技术手段。第4章以粉煤灰作为基础原料，利用热致相分离法制备多孔玻璃，并介绍了该制备工艺的关键技术。第5章介绍了由相分离法制备的具有连续贯通孔结构的膜材在膜乳化技术中的应用现状。第6章围绕相分离法制备多孔材料这一方向进行了总结与展望。

本书编写过程中参考了相关文献资料，书中3～5章所介绍的主要研究进展为编者所在课题组的研究成果。

限于编者学术水平，书中难免有错误和不妥之处，竭诚希望读者批评指正。

编者

2022 年 3 月

目录

第1章　多孔材料的制备研究进展

固体材料所包含的空间和表面的多少直接影响着该材料在实际应用中的性能。具有大量的空间和表面积的固体多孔材料已经成为当代科学研究的热点，在各式各样物理化学过程中显示出极为突出的优势。根据国际纯粹与应用化学联合会（IUPAC）的规定，多孔材料依据孔径可分为3类：孔径在2nm以下的称为微孔材料，孔径在$2\sim50$nm的称为介孔材料，孔径在50nm以上的称为大孔材料。

1.1　多孔玻璃材料的制备

多孔玻璃是利用特定组成玻璃的分相现象，经过特定工艺处理而制得的一种具有无数连通孔道的玻璃[1]。作为一种无机多孔材料，多孔玻璃具有许多其他多孔材料所不具有的特性：①孔道均匀、连通、孔径分布范围窄，平均孔径为纳米到微米级，可在较大范围内（2nm$\sim20\mu$m）通过制备条件进行调整，此外还具有较高的孔隙率和比表面积；②优良的惰性体，不会因溶媒种类、pH值、温度等不同而膨胀；③导光，机械强度高，耐热性好，使用温度可达800°C以上；④孔的内表面存在大量的$Si-OH$（$4-8$OHsnm^2），借此可对多孔玻璃进行表面修饰和改性[2]；⑤几何形状可通过成型工艺进行控制，有球状、棒状、纤维状、中空纤维状和超薄膜片状。由于上述优良特性，多孔玻璃被认为是一类有多种潜在用途的新型材料。根据基体玻璃化学组成的不同，多孔玻璃分为高硅系、锆硅系、磷硅系、含钛系、火山灰系和粉煤灰系等多个体系。

1.1.1　高硅系多孔玻璃

高硅系多孔玻璃制备方法如图1.1所示。具有一定组成的硼酸盐基体玻璃（例如：$69SiO_2-1Al_2O_3-21.8B_2O_3-8.2Na_2O$ mol%）经过高温烧结后分相，形成相互贯通的两相，其中一相为可溶于无机酸、水或乙醇的碱富集相（$B_2O_3-Na_2O$），另一相为高纯度的二氧化硅富集相（SiO_2含量大于95%）。分相后的硼酸盐玻璃通过酸浸析将碱富集相溶解掉，最终形成具有贯通孔结构的高硅系多孔玻璃。商品化的VYCOR多孔玻璃（PVG）由该方法制得，其结构特性主要由以下3方面因素决定：①初始玻璃组成；②烧结条件

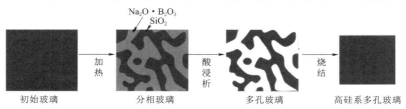

图1.1　高硅系多孔玻璃制备方法

（温度和时间）；③浸析条件[3-4]。

由 $SiO_2 - B_2O_3 - Na_2O$ 体系相图可知[5]，分相后的富 SiO_2 相中含有少量的 $B_2O_3 - Na_2O$，而富 $B_2O_3 - Na_2O$ 相中含有少量的 SiO_2。在浸析过程中，存在于 $B_2O_3 - Na_2O$ 富集相中的 SiO_2 没有溶解，而是以胶体的状态残留在孔道中。为了得到原始相分离结构，需要将 SiO_2 胶体从孔道中去除，其中最有效的去除方法是碱泡法[6]。经过碱泡后，多孔玻璃平均孔径由 4nm 增至 50nm，即为原始相分离结构。

在多孔玻璃制备后期，用酸或碱处理分相玻璃以溶出可溶相时常出现溶崩而得不到完整的块状或者最后得到的多孔玻璃强度小，易碎裂，致使其在应用上受到限制。当硼硅酸盐基体玻璃分相后，玻璃由于组成分布和离子扩散溶胀速度不同，使其在浸析过程中产生应力变化，其原因有以下几点：①两相的热膨胀系数不一致，因此分相冷却后产生应力，在可溶相被溶出的过程中，产生的热应力被释放出来[7]；②当可溶相溶出后形成新的表面使界面自由能增大；③在浸析过程中离子交换引起的应力[5]。

在水环境或碱环境中，由于具有较高的比表面积，高硅系多孔玻璃使用过程中骨架结构易被腐蚀。通常情况下，Al_2O_3、ZrO_2 和 SnO_2 等加入到基体玻璃中，可以提高玻璃的耐腐蚀性。但是由于这些氧化物的稳定性、寿命和价格等原因，不能直接引入到高硅系多孔玻璃中。为了解决这个问题，一些新的多孔玻璃通过相分离、酸浸析方法制得不同种类的多孔玻璃体系与特性见表 1.1。耐腐蚀性多孔玻璃组成和特性见表 1.2。

表 1.1　　　　　　　　　　　　　不同种类的多孔玻璃体系与特性

体系	多孔玻璃的制备材料/wt%	多孔玻璃组成	特　征
高硅系	SiO_2，$55-80$，$B_2O_3 - Na_2O$（Al_2O_3）	SiO_2	成分单一，最稳定的系统
中硅系	SiO_2，$35-55$，$B_2O_3 - Na_2O - Al_2O_3 - CaO$	$SiO_2 - Al_2O_3 - CaO$	热稳定性良好
锆硅系	$SiO_2 - B_2O_3 - ZrO_2 - Na_2O - RO$（碱土，Zn）	$SiO_2 - ZrO_2$	耐水耐碱性强
钛硅系	$SiO_2 - B_2O_3 - CaO - MgO - Al_2O_3 - TiO_2$	$SiO_2 - TiO_2 - Al_2O_3$	有光触媒功能吸收紫外
磷硅系	$SiO_2 - P_2O_5 - Na_2O$	$SiO_2 - P_2O_5$	可用作生物玻璃和色谱填充剂
火山灰系	火山灰原料-$Na_2O - B_2O_3 - SiO_2$	$Na_2O - B_2O_3 - SiO_2 - Al_2O_3 - CaO$	含有大量小型气泡，表面结构简单独特
粉煤灰系	$SiO_2 - B_2O_3 - Al_2O_3 - CaO - Na_2O$	$SiO_2 - B_2O_3 - Al_2O_3$（$- CaO - Na_2O$）	孔微观结构较大，耐酸耐碱

1.1.2　锆硅系多孔玻璃

$SiO_2 - ZrO_2$ 多孔玻璃[8] 的制作中加入耐化学腐蚀的氧化物 Al_2O_3、ZrO_2 和 SnO_2 等将降低体系的分相能力；对于分相能力较弱的 $SiO_2 - B_2O_3 - Na_2O$ 体系，则无法通过大量引入 Al_2O_3、ZrO_2 和 SnO_2 等氧化物来改善多孔玻璃的耐腐蚀性。而 $SiO_2 - B_2O_3 - RO$ 体系具有较强的分相能力，通过控制基体玻璃的组成和加热条件，在该体系中可以引入大量的 ZrO_2 和 SnO_2。组成为 $SiO_2 - Al_2O_3 - ZrO_2$（SnO_2）$- B_2O_3 - RO - R_2O$ 基体玻璃经过分相和酸浸析后可得到含有 10wt% ZrO_2（SnO_2）的 $SiO_2 - ZrO_2$ 多孔玻璃。

1.1.3　含钛系多孔玻璃

$SiO_2 - TiO_2$ 多孔玻璃[9] 的组成为 $SiO_2 - B_2O_3 - RO - Al_2O_3 - TiO_2$，其基体玻璃经

过分相酸浸析后，最终制得含有 $50mol\%$ TiO_2 的多孔玻璃，这类材料具有较高的耐热性和耐腐蚀性。

表 1.2　　　　　　　　　　　耐腐蚀性多孔玻璃组成和特性

多孔玻璃种类		Al-3	Zr-4	Zr-8	Sn-2	Vycor
初始玻璃的组成/wt%	SiO_2	49.8	49.2	50.6	49.1	66.1
	Al_2O_3	10.3	3.9	3.2	7.0	1.6
	B_2O_3	23.7	23.4	23.9	23.4	24.2
	ZrO_2		7.5	9.6		
	SnO_2				4.6	
	MgO			6.9		
	CaO	10.4	10.3		10.3	
	Na_2O	5.8	5.8	5.8	5.7	8.2
初始玻璃的处理条件	热处理温度和时间	720℃，15h	700℃，45h	700℃，15h	700℃，15h	600℃，100h
	酸浸析（$1N-H_2SO_4$）95℃，24h	是	是	是	是	是
	碱处理（$0.5N-NaOH$）室温，5h	是	是	否	是	是
	酸浸析（$3N-H_2SO_4$）95℃，24h	是	是	否	是	是
多孔玻璃的组成	SiO_2	64.0	78.0	89.3	81.2	94.3
	Al_2O_3	11.6	7.9	4.1	11.1	0.4
	B_2O_3	14.5	7.1	0.4	0.5	5.0
	ZrO_2		4.2	5.7		
	SnO_2				6.25	
	MgO			0.3		
	CaO	5.1	1.6		0.67	
	Na_2O	4.7	1.2	0.15	0.25	0.4
表征参数	孔径/nm*	90	72.7	8.5	45.7	57.5
	空隙率/(mL/g)	0.85	0.78	0.43	0.95	0.98
	比表面积/(m²/g)	38.8	44.9	161.1	72.8	38.3

　*　这些值是通过汞孔隙度测定法获得的。

1.1.4　磷硅系多孔玻璃

$P_2O_5-SiO_2-Na_2O-Al_2O_3$ 玻璃[10]，P_2O_5 玻璃基本结构单元是磷氧四面体 $[PO_4]$，每一个磷氧四面体中有一个带双键的氧。带双键的磷氧四面体，是 P_2O_5 玻璃结构中的不对称中心，因此导致磷酸盐玻璃黏度小，玻璃转变温度和软化温度较低，化学稳定性差和热膨胀系数大，且导热系数小，使得耐热冲击性能小，不利于磷酸盐玻璃的应用。

1.1.5　火山灰系多孔玻璃

以火山灰为原料制备的名为 Shirasus 的 $Na_2O-B_2O_3-SiO_2-Al_2O_3-CaO$ 玻璃[11]，

该基体玻璃经高温熔融分相酸浸后，制得该体系玻璃。该体系玻璃主要研究表明退火时间和退火温度对分相的影响。Al_2O_3 的增加抑制相分离的发生并有形成液滴结构的趋势，而 CaO 显著促进了相分离，形成了相互连接的结构。同时多孔玻璃的半径随着退火时间和温度的增加而增大。

1.1.6　粉煤灰系多孔玻璃

以粉煤灰为主要原料，加入 SiO_2、$CaCO_3$、硼酸等为辅助原料，采用常规相分离法制备的即为粉煤灰系多孔玻璃[12]。在高温下熔融并热处理，将其分相后的玻璃进行酸浸和碱溶处理，得到粉煤灰系多孔玻璃。

1.1.7　多孔玻璃的成型工艺

1.1.7.1　多孔玻璃光学基片的制备

近两年，由于光电子技术的发展，多孔玻璃光学基片及其应用刚开始受到研究者的重视。为制得特殊用途的光学、电子学用多孔玻璃基片，首先要解决以下问题：①基片表面平整光洁；②孔分布均匀；③透光、大块无裂纹等问题。目前，已能制备出较大尺寸的多孔玻璃基片，其外形尺寸可达 $20mm \times 16mm \times 1mm$，其制备流程如下：将一定配比的基体玻璃在高温下熔融至均匀无泡后注模成锭，通过切割和表面加工至所需尺寸，最后根据需要在精密控温的装置中，在特定固定温度下进行分相，分相后的试样经酸浸析，可得到符合要求的玻璃基片（图 1.2）。但在酸浸析的过程中，由于应力发生变化，玻璃基片很容易破碎。为了保证满足光学基片的要求，需对应力释放进行控制，即对浸析条件进行优化[13]。

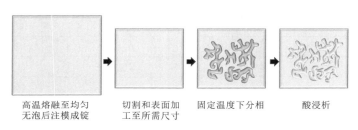

高温熔融至均匀　　切割和表面加　　固定温度下分相　　酸浸析
无泡后注模成锭　　工至所需尺寸

图 1.2　多孔玻璃光学基片制备流程

1.1.7.2　多孔玻璃微珠的制备

多孔玻璃成球工艺主要有一次成型工艺（又称熔融法）和二次成球工艺（又称粉末法）。如图 1.3 所示，前者是将熔融的玻璃液分散成玻璃液滴的直接成珠方法，后者是将熔融冷却的玻璃粉碎成所需粒度，加隔离剂再在高温下依靠表面张力成珠。将玻璃珠筛

熔融法　　　　　　　　　　　　　固定温度下分相　　　　酸浸析

图 1.3　多孔玻璃光学基片制备流程

分、分相、酸浸析，即得到所需微珠。

1.1.7.3　多孔玻璃光纤的制备

多孔玻璃光纤是根据光纤化学传感的需要发展起来的一种新型材料。该材料利用多孔玻璃的导光性和多孔性，将其与光纤检测技术相结合，使其有了广阔的应用前景。多孔玻璃光纤的制备首先将硼硅酸盐玻璃拉成纤维，再进行分相、酸浸析，最后得到多孔玻璃光纤。多孔玻璃光纤的分相一般要在特制的分相炉中进行。

1.1.7.4　多孔玻璃膜管的制备

SPG 膜管具体制备方法如图 1.4 所示：将一定组成的 $NaO - CaO - Al_2O - B_2O_3 - ZrO_2 - SiO_2$ 初级玻璃拉伸成管状，然后在 923～1023K 温度下烧结若干小时，在这个过程中，初级玻璃发生了相分离，形成酸可溶性的 $Na_2O - CaO - MgO - B_2O_3$ 玻璃相和酸不可溶性的 $Al_2O_3 - SiO_2$ 玻璃相。最后将已分相的玻璃膜浸入一定浓度的盐酸溶液中，去除酸可溶相，即得到了具有贯穿孔结构的 SPG 膜[14]。

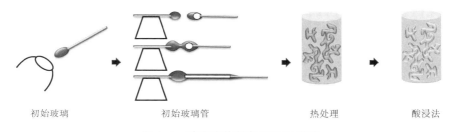

初始玻璃　　　　　初始玻璃管　　　　　热处理　　　　　酸浸法

图 1.4　玻璃膜管制备流程示意图

1.2　多孔陶瓷材料的制备

多孔陶瓷是指具有一定尺寸和数量的孔隙结构的新型陶瓷材料。其主要是利用材料中孔洞结构与材质本身结合而具有的性质来达到所需要的各种功能。多孔陶瓷的制备方法主要是添加造孔剂法、纤维搭建法、模板法、多孔粒子烧结法、溶胶-凝胶法、化学气相沉积法、阳极氧化法等。

1.2.1　添加造孔剂法

添加造孔剂法是一种简单、经济的多孔陶瓷制备方法。将一定形状的造孔剂添加到陶瓷粉末中，经高温烧结去除造孔剂，即得到不同形貌的多孔陶瓷。造孔剂的选择多种多样：包括有机类和无机类。有机类有天然有机物，如淀粉、木屑、稻壳等；有高分子化合物如聚甲基丙烯酸甲酯（PMMA）、聚苯乙烯（PS）等。无机类造孔剂主要是熔点较高且不与陶瓷组分发生反应的可溶性无机盐。Sarikaya 等[15]　分别以鳞片石墨、球状石墨、PMMA、蔗糖和聚苯乙烯作为造孔剂制备多孔陶瓷。如图 1.5 所示，不同种类造孔剂制备得到的多孔陶瓷形貌差异较大。

1.2.2　纤维搭建法

陶瓷纤维材料由于其纤细的构型，在成膜过程中纤维可以迅速在支撑体表面搭桥，形成具有高孔隙率和高比表面积的多孔膜材。Ke 等[16]　以大尺寸的 TiO_2 纤维为原料，通过

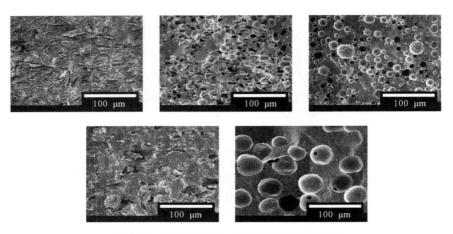

图 1.5 不同造孔剂制得的多孔陶瓷形貌图

旋涂法制备出平均孔径在 50nm 的陶瓷纤维膜。纤维搭建的膜层通过高孔隙率提高了渗透通量，但却降低了膜层的强度，因此需要通过加强纤维间颈部的连接来提高纤维膜的强度。Fernando 等[17] 通过加入胶体硅、胶体氧化铝和 AP23［Al（OH）$_3$ 和 H$_3$PO$_4$ 混合物］等黏合剂，促进了纤维接触点的颈部连接，提高了膜层的强度。图 1.6 是不同黏合剂制得的氧化铝纤维膜形貌图。

图 1.6 不同黏合剂制得的氧化铝纤维膜形貌图

1.2.3 模板法

采用规整均一的造孔剂，以有效控制所合成材料的形貌、结构和大小，并制备出孔结构有序、孔径均一、高孔隙率的一系列微孔、介孔和大孔材料的方法称为模板剂法。模板剂主要有两类：①以有机微球作为模板剂，Tang 等[18] 以球状 PMMA（直径为 1300nm）为模板剂，制得了三维有序大孔 ZrO$_2$ 对称陶瓷膜（图 1.7）；②表面活性剂，由于表面活性剂在溶液中可以形成胶束、微乳、液晶、囊泡等自组装体，因此常被用作自组装技术中的有机物模板剂。Zhang 等[19] 以正硅酸乙酯（TEOS）为无机前驱物、十六烷基三甲基氯化铵（CTAC）为有机模板剂制备了介孔有序的无支撑 SiO$_2$ 薄膜和以 Al$_2$O$_3$ 为支撑体的 SiO$_2$ 分离膜。该膜

图 1.7 以球状 PMMA（直径为 1300nm）为模板剂所得 ZrO$_2$ 对称陶瓷膜形貌图

孔径在 2～3nm 之间，并呈单一分布的无支撑有序介孔 SiO_2 膜。

1.2.4 粒子烧结法

粒子烧结法是由传统多孔陶瓷烧结法发展起来的多孔陶瓷分离膜制备方法。通过调整原料粉体颗粒的形状、粒径、粒度分布范围，用传统的烧结法可制备出不同孔径（$>0.1\mu m$）和气孔率的多孔膜，具有工艺操作简单的特点。如图 1.8 所示，其具体操作过程是：将作为陶瓷分离膜支撑体的多孔陶瓷浸渍于配制的陶瓷/悬浮液泥浆（添加适量助熔剂、黏合剂、增塑剂）中，在悬浮液中浸渍支撑体时，分散介质水在毛细管力的作用下进入支撑体，而陶瓷粒子则在支撑体表面堆积成膜，形成过滤层，然后干燥，并在一定温度下烧结制得具有一定的气孔率、孔径和强度的陶瓷分离膜。

图 1.8 粒子烧结法流程示意图

1.2.5 溶胶-凝胶（Sol - Gel）法

溶胶-凝胶法一般是以醇盐为原料，经过有机溶剂溶解，在水中通过强烈快速搅拌水解成溶胶，然后将多孔陶瓷支撑体多次浸渍于溶胶中，通过控制一定温度与湿度，在多孔陶瓷支撑体表面形成凝胶膜，经高温烧结即可获得产品纯度高、化学组分均匀、孔径较小、孔径分布范围较窄的陶瓷分离膜。采用不同金属元素的醇盐，可以分别制备氧化铝、氧化锆、氧化硅、氧化钛等陶瓷分离膜。

1.2.6 化学气相沉积法（CVD）

化学气相沉积法原理是：在远高于热力学计算临界反应温度的条件下，反应产物蒸气形成很高的过饱和蒸气压，然后自动凝聚形成大量的晶核，这些晶核长大聚集成颗粒后，沉积吸附在所要修饰的支撑体上，即制得陶瓷分离膜。由该法制得的陶瓷分离膜的厚度可以很薄（$5\mu m$），其表面孔径可控制在 4～10nm 内。

CVD 法与溶胶-凝胶法相比，可避免煅烧环节，膜的厚度可以很薄，孔径可小于 2nm，主要用于膜的修饰。

1.3 多孔聚合物的制备

多孔聚合物材料的制备方法，可归纳为以下 3 种类型。

1.3.1 发泡法

发泡法制备多孔材料的工艺可分为混料和成型两个过程，在成型过程中同时形成气孔而得到泡沫产品[20]。泡沫塑料的成型过程一般均要经历气泡的成核、气泡核的膨胀和泡沫体的固化定型 3 个阶段。

早在 20 世纪 80 年代通过气体成核技术制备了微孔热塑性泡沫塑料，其泡沫密度达到了 $10^9 \sim 10^{15}$ 个/cm^3。微发泡聚合物材料的制备过程可分为 3 个阶段：

（1）将高浓度的非反应性气体（主要是二氧化碳或氮气）溶解到聚合物中，并形成聚合物/气体的单相溶液。

（2）通过改变温度或压力等条件使体系处于热力学的非稳定状态，此时气体在溶液中的溶解度下降。由于气体平衡浓度的降低，从而在聚合物基体中形成大量的气泡核，然后逐渐长大形成微小的泡孔。微发泡高分子材料相对未发泡高分子材料质量轻，密度降低5%～95%，可节约加工材料和成本，具有良好的隔热隔声效果、优异的尺寸稳定性、优异的力学性能。在家电、航空、电子电气、精密仪器、绝缘和包装等领域具有广泛的应用，因此是开发具有崭新性能工程材料的一大研究热点。很多关于聚合物材料制备的研究集中于微发泡成型技术[21-22]，主要有聚碳酸酯（PC）、聚氨酯（PU）、聚苯乙烯（PS）、聚乳酸（PLA）、聚丙烯（PP）、聚乙烯（PP）、聚酰胺（PA）的微孔发泡。

（3）对聚合物进行微孔发泡需要合理使用发泡剂，目前应用较广泛的主要有物理发泡剂和化学发泡剂，微球发泡剂作为一种新型发泡剂也引起了研究者的浓厚兴趣。

1.3.2　乳液法

乳液法包括3个部分：连续相、分散相以及表面活性剂。表面活性剂具有双亲性，与外相内相均相容。将具有很高体积分数的分散相分布于少量连续相中，当与分散相体积分数大于74%时，将会使原本单分散的液体相互挤压形成一种双连续结构，这种方法称为浓乳液聚合[23]。如果外相中含有聚合单体，体系固化后，除去内相即形成具有多孔结构的聚合物材料。内相通常是低分子液体例如水。浓乳液法制得的多孔材料孔道相互贯通，密度低达$0.02g/cm^3$。与之相反，当起始的分散相体积分数低于30%时，最终得到的是具有闭孔结构的聚合物材料，该方法称为微乳液聚合。这些闭孔材料的孔径为几微米，不是期待的与微乳液尺寸（10～100nm）一致的纳米级孔[24]。

Hedrick等[25]开发了一种常规体系，由热不稳定和热稳定组成的三嵌段共聚物合成了可控孔隙率的介孔聚酰胺。热不稳定体系的热降解可以较好的控制孔隙率。小角光散射观测到闭孔尺寸约为5～20nm，依赖于热不稳定嵌段共聚物的长度。这样的介孔结构明显降低了密度和阻尼常数，在微电子方面具有很大的应用前景。

1.3.3　相分离法

相分离法包括初始相分离形态的固定化和分离相的去除两个过程。根据相分离诱发原因的不同可分为非溶剂诱导相分离（non-solvent induced phase separation，SIPS）、热诱导相分离（thermally induced phase separation，TIPS）和反应诱导相分离（chemically induced phase separation，CIPS）。

1.3.3.1　非溶剂诱导相分离

20世纪60年代，Loeb和Milstein F.[26]利用非溶剂诱导相分离法（也称为相反转法）成功地将聚合物溶液转化为固态膜，成为膜工程领域的一项重大突破。通常情况下，SIPS法就是在多孔支撑膜上沉积一层聚合物薄膜[27]。其中聚合物溶液由至少1种聚合物和至少1种良溶剂组成，有时也含有添加剂。将涂有聚合物溶液的支撑膜浸入含有不良溶剂的凝固浴中，聚合物溶液中的良溶剂与凝固浴中的不良溶剂发生交换，致使聚合物在支撑膜表面沉积。其形态从海绵状结构到指状结构，依赖于过程参数。

不同的应用领域需要具有不同物化特性的膜件，影响膜件性能的关键因素包括溶剂与非溶剂的选择、聚合物溶液的组成、凝固浴的组成和涂膜条件[28-31]。图 1.9 是经典的三相图,三角形的每个顶点代表 3 个组分(聚合物、良溶剂和非良溶剂),三角形内部的每个点代表 3 组分混合物。相图由两部分组成:所有组分混溶的单相区和由聚合物富集相与聚合物贫瘠相组成的两相区。相图中连接一对平衡组成的直线为连结线。液-液相分界线为双节线,双节线是由浊点组成的,其中浊点定义为溶液由澄清变浑浊的点。位于双节线内部的体系将分相成组成不同但热力学平衡的两相。图 1.9(a)中聚合物膜的组成线穿过双节线,意味着浸入凝固浴后,体系内发生瞬间分相。而图 1.9(b)中聚合物组成始终位于单相区,因此需要经过较长的一段时间后体系才发生分相。两种不同的分相方式产生两种截然不同的膜形貌[32-33]。如图 1.10 所示,当聚合物沉积速率较大时,生成手指状大孔隙,这类膜用于反渗透时具有较低的盐截留率和较高的水通量;当聚合物沉积速率较小时,生成海绵状形貌,这类膜具有较高的盐截留率和较低的水通量[34]。

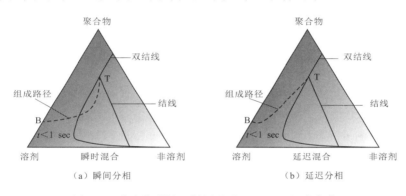

图 1.9　聚合物膜浸入凝固浴后(t<1s)组成变化
T—膜顶部;B—膜底部

　　在非溶剂诱导相分离中,不同种类的聚合物材料用于制备微滤、超滤、纳滤和反渗透膜。聚砜(PSf)、聚醚砜(PES)、聚丙烯腈(PAN)、纤维素、聚偏氟乙烯(PVDF)、聚四氟乙烯(PTFE)、聚酰亚胺(PI)和聚酰胺(PA)是比较常用的几种聚合物膜材:

　　(1)聚砜(PSf)是非溶剂诱导相分离法中常用的膜材之一。聚砜材料主要具有以下特点:①可商品化;②易于加工;③具有选择透过性;④具有良好的机械强度、化学和热稳定性($T_g = 190℃$),将 PSf 溶液薄膜置于非溶剂凝固浴中(例如水),经过相反转,即可生成

海绵状形貌　　　　　手指状形貌

图 1.10　不同相分离方式得到的膜材形貌

非对称膜。溶解 PSf 的良溶剂包括 N－甲基吡咯烷酮（NMP），N，N－二甲基乙酰胺（DMAc）和 N，N－二甲基甲酰胺（DMF）[35-42]。

（2）聚醚砜（PES）具有很好的化学和热稳定性（$T_g=230℃$）。该聚合物也被广泛用作复合膜中的支撑材料。将 PES 溶液薄膜置于非溶剂凝固浴中（例如水），经过相反转，即可生成非对称膜。溶解 PES 的良溶剂包括 NMP、DMF 和 DMAc[43-48]。

（3）聚丙烯腈（PAN）是一种非常受环氧的膜材，除了具有足够的化学稳定性以外，还具有较好的亲水。其他类膜材，例如 PSf 和 PES，较为疏水，在水系应用各种极易被污染，而 PAN 较为亲水，有效缓解了使用过程中的污染现象，目前该膜材已商品化。PAN 对溶剂和清洁剂（二氧化氯、次氯酸钠等）具有较好耐受性，因此 PAN 被用作 MF、UF、NF、RO 和渗透汽化膜材的支持膜[49-53]。由于 PAN 在各种溶剂中的溶解度较低（除了极性溶剂 NMP、DMF 和 DMAc），因此很难降低 PAN 膜材的孔径[54-55]。

（4）纤维素包括醋酸纤维素、醋酸丁酸纤维素和丙酸纤维素，这些均为纤维素脂类。醋酸纤维素是第一种用于制备相反转膜的纤维素膜材，也是最为常用的一种[56]。醋酸纤维素具有较低的化学稳定性、机械强度和耐热性，需要经过修饰生成热塑性材料后用于制备膜件[57-59]。

（5）含氟聚合物，包括聚偏氟乙烯（PVDF）和聚四氟乙烯（PTFE），常用作膜材。两种聚合物均表现为疏水性，同时具有较好的化学和热稳定性，良好的疏水性使 PVDF 和 PTFE 可用于膜蒸馏[60]。PTFE 微滤膜通常用烧结和拉伸法制备，而 PVDF 膜一般利用相反转法制备。溶解 PVDF 的良溶剂包括 DMF、DMAc、NMP 和磷酸三乙酯（TEP）[61-62]。

（6）聚酰亚胺（PI）是一类具有良好气体选择性、化学和热稳定性的聚合物。因此，近些年被逐渐用作膜材[63]。聚酰胺（PA）具有很强的干、湿强度，由于 PA 具有良好的亲水性，因此适用于水系和有机系[64]。NMP 是最常用的溶解 PI 和 PA 的溶剂。

1.3.3.2 热诱导相分离

20 世纪 80 年代初，Castro[65] 提出了一种较新的制备微孔膜的方法，即热诱导相分离法。该方法主要步骤为：①在高温下，将聚合物溶于高沸点、低分子量的稀释剂中形成均相溶液；②将溶液铸成预期形状，如平板或中空纤维；③对体系进行可控降温，诱发相分离；④去除稀释剂，得到聚合物微孔膜。许多结晶的、带有强氢键作用的聚合物在室温下溶解性差，难有合适的溶剂，故不能用传统的非溶剂诱导相分离的方法来制备微孔膜，但可采用 TIPS 法加以制备。这不仅扩大了膜材料的范围，而且所得到的膜的孔径及孔隙率可控，需要调节的参数相对较少，孔隙率高，制备过程中易连续化[66]。

目前，用于 TIPS 的膜材主要集中在 PVDF、PP、PE、PMMA 和 PS 等均聚物或共聚物方面，相比而言用共混聚合物制膜可以综合均衡各组分的性能，可以降低某些性能优良但价格昂贵的原材料成本，而且用亲水-疏水材料共混制得的膜有利于提高膜表面的抗污染性[67-70]。图 1.11 是 TIPS 过程特征相图，均相溶液以可控速率按箭头方向逐步冷却。在具有较高聚合物浓度的体系中（通常高于 30%），体系在淬冷过程中穿过结晶温度边界，此时聚合物直接由溶液状态变为固态，因此体系发生固-液分相。与之相反，在具有较低聚合物浓度的体系中，体系直接进入两相区，发生液液分相，分别生成聚合物富集相和聚合物贫瘠相，其中聚合物富集相形成连续相，聚合物贫瘠相形成分散相，最终生成多孔膜。两种不同的分相方式产生两种截然不同的膜形貌。通常情况下，固液相分离生成球粒状结构，而 L－L 相分离生成蜂窝状多孔结构（有时为双连续结构）。除此之外，淬冷速率、温度梯度、溶剂-聚合物作用力和成核剂的选择均可影响相结构形貌及尺寸。值得注意的是，不同形貌、不同尺寸的相结构对于膜的通量和机械性能具有重要影响[71]。

1.3.3.3 反应诱导相分离法

反应诱导相分离是指在反应初期，体系处于均相状态，随着反应的进行，聚合物分子链逐渐增大，与溶剂相之间的相容性逐渐变差，相分离开始发生，相结构逐渐演化并粗大化。相分离后期随着反应的进行，体系黏度和模量逐渐增大，同时聚合分子链扩散能力下降，这些因素都将产生不利于相分离的阻碍作用。一般认为，当体系达到凝胶化点或玻璃化点时，相分离终止，相结构冻结。该过程中相结构的

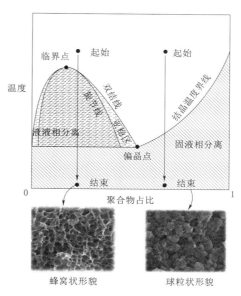

图 1.11　TIPS 过程特征相图

演化是相分离的热力学推动力与体系中阻碍相分离的动力学位垒相互竞争的结果[72-74]。反应诱导相分离过程中，随着反应的进行，体系的物化性质不断发生变化，因此该过程中的相分离行为与高分子共混体系的热诱导相分离行为存在很大的不同。

反应诱导相分离过程的复杂性为我们提供了比一般热诱导相分离更多的相结构调控方法。在反应诱导相分离中，相结构的形成是热力学（体系组成、分子量、相容性等）与动力学（反应动力学与相分离动力学）共同作用的结果。随着反应的进行，不断增加的聚合物分子量提供了相分离热力学上的推动力；同时，反应的进行使得体系的玻璃化温度和黏度不断增加，两相组分的扩散能力下降，对相分离产生动力学上的阻碍作用。研究表明，反应诱导相分离最终相结构除了与材料本身性能有关外，还与混合物组成[75-77]、相界面张力[78-79]、黏度[80] 等因素有关。

1.3.4　Bijel 模板法构建多孔材料

由固体颗粒所稳定的乳液被称为皮克林乳液，这一概念于 1907 年提出[81]。将某种胶体颗粒分散到两相体系的水相或油相中，在一定乳化条件下，胶体颗粒自发聚集到油水界面，形成以胶体颗粒为稳定剂的皮克林乳液。Pickering 乳液并非双连续结构，乳液中分散相的存在不利于传质过程的进行。2005 年，英国爱丁堡大学的 Cates 等[82] 用晶格-玻尔兹曼方法（lattice boltzmann method）模拟得到了一种双连续型乳液凝胶，在液-液两相流体系中，加入能够被两种液体同时润湿的胶体颗粒，胶体颗粒在相界面处聚集排列，阻碍相分离进程，使相结构稳定在双连续状态，即形成两相流均为连续相的双连续型乳液凝胶（Bijel）。2007 年，英国爱丁堡大学的 Clegg[83] 团队利用旋节线相分离技术首次证实了 Bijel 结构的存在。

如图 1.12（a）所示，以皮克林乳液作为模板，采用某种物理或化学方法，将界面上的胶体颗粒固定连接，就得到了一种表面由胶体颗粒组成的新型微囊，称为胶体体微

囊[84]。该种制备方法的优势在于：①制备过程中不需要引入表面活性剂；②由胶体颗粒组成的界面层更加稳定；③可通过改变胶体颗粒的润湿性和粒径等来调控微囊的性能等。类似于以皮克林乳液模板法制备胶体体微囊的过程，以 Bijel 作为模板可制备具有贯通孔结构的多孔材料。如图 1.12（b）所示，以 Bijel 作为模板，通过固化连续相中的某一相，可得到孔道相互贯通，且孔道表面由胶体颗粒附着的多孔材料[85]。利用 Bijel 模板法构建双连续结构材料是一种新的制备多孔材料的方法。该方法的优势在于：①制备过程中不需要引入表面活性剂；②由胶体颗粒组成的界面层更加稳定；③可通过改变胶体颗粒的润湿性和粒径等来调控多孔材料的微观结构；④由该方法制得的多孔材料具有孔道均匀、连通、孔径分布范围窄，可制备孔径范围大（纳米至微米级）等结构优势；⑤单体可选范围广等。本书主要讨论了近年来 Bijel 的研究成果和突破性进展，重点阐述了 Bijel 的制备方法，以及如何以 Bijel 作为模板制备多孔材料及其应用现状和前景。

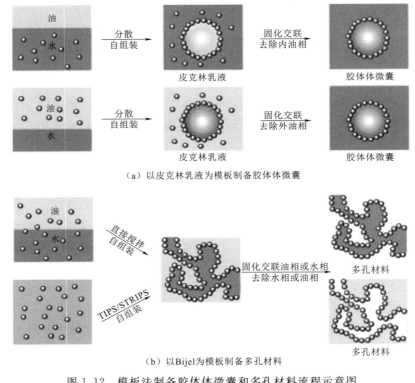

（a）以皮克林乳液为模板制备胶体体微囊

（b）以Bijel为模板制备多孔材料

图 1.12　模板法制备胶体体微囊和多孔材料流程示意图

油相　　水相　　混合相　胶体颗粒

1.3.4.1　Bijel 结构的制备方法

在一个二（多）元共混体系中，体系状态从相图的单相区淬冷到两（多）相区时，两（多）组分发生相分离，生成各自的富集相。随着相分离过程的进行，两相结构经过不同形态的演化，最终稳定在平衡态。

Bijel 最初是通过油-水混合物或聚合物混合物的热诱导旋节线相分离而产生的[86-91]。对于简单的二元体系，将其淬火（指快速升温或降温）至两相区域，引发旋节线相分离。

相分离过程中，胶体颗粒作为稳定剂富集在相界面处，降低界面张力，最终使相结构稳定在双连续状态。具有最低临界共溶温度（lower critical solution temperature，LCST）的水和 2,6 -二甲基吡啶（2,6 - Lutidine）低分子量液体体系是构建 Bijel 结构的典型体系。2007 年，Clegg 等[83] 以二氧化硅胶体颗粒（可被水和 2,6 -二甲基吡啶同时润湿）作为稳定剂，首次在水和 2,6 -二甲基吡啶体系中构建了 Bijel 结构，且该结构较稳定，半年时间内未发现样品结构有明显变化。乙二醇和硝基甲烷体系是继水和 2,6 -二甲基吡啶体系后，又一可构建 Bijel 结构的低分子量液体体系[90]。相比于前者，由乙二醇和硝基甲烷体系所构建的 Bijel 结构具有更高的稳定性。

作为两相界面的稳定剂，胶体颗粒对于 Bijel 结构的构建至关重要：

（1）体积分数。在一定程度上，可通过改变胶体颗粒的体积分数来调控流体域的尺寸。通常情况下，胶体颗粒的体积分数越大，所获得的 Bijel 结构尺寸越大[92]。

（2）润湿性。胶体颗粒的表面性质对于 Bijel 的形成具有重要影响，富集于液-液界面处的胶体颗粒应对两相流体具有近似或相同的亲和力。以表面活性剂（如 CTAB，HMDS 等）作为修饰剂，可轻易获得中性胶体颗粒表面，但表面活性剂的引入，增加了体系环境的复杂性，也制约了 Bijel 的应用，例如：Bijel 作为反应分离介质时，酶与表面活性剂的相互作用会影响酶反应。研究表明在不添加任何表面活性剂的情况下，使用表面润湿性相反的胶体颗粒同样可以获得 Bijel 结构[93-95]。调节胶体颗粒对两相流体的润湿性除了改变胶体颗粒表面性质以外，也可以尝试改变两相流体的极性，两者所达到的效果是一样的。

（3）粒径大小。纳米尺寸颗粒是构建 Bijel 结构的适宜尺寸，而微米尺寸颗粒在低淬火速率下更易引发成核生长相分离。在一定范围内，胶体颗粒粒径越小，越容易形成致密的界面层，从而形成稳定的 Bijel 结构[90]。

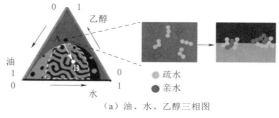

（a）油、水、乙醇三相图

在热诱导相分离中，淬火是 Bijel 结构生成的关键步骤，淬火制度是影响 Bijel 结构的主要因素之一，因此 Bijel 的制备对温控制度要求十分苛刻，这也制约了 Bijel 在工业中的推广和应用。根据诱导相分离的原因不同，相分离可分为热诱导相分离（thermally induced phase separation，TIPS）、溶剂转移诱导相分离（solvent transfer induced phase separation，STRIPS）和反应诱导相分离（reaction induced ohase separation，RIPS）。除了热诱导相分离外，溶剂转移诱导相分离也被证实是制备 Bijel 结构的有效途径。如图 1.13 所示，

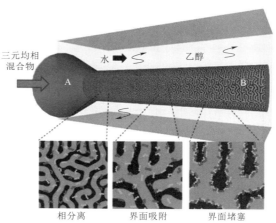

（b）油水混合物注入水中相分离示意图

图 1.13　溶剂转移诱导相分离法制备 Bijel
过程示意图[16]

Vitantonio 等[96] 将油水两相溶于第三相共溶剂中，形成三元均相混合物，又将混合物注入同向流动的水相中，随着共溶剂向水相中扩散，触发两相流体的旋节线相分离，从而获得 Bijel 结构。溶剂转移诱导相离法操作简单，无需控温，油相可选范围广（HDDA、DEP、DVB 等[97]），极大优化了 Bijel 的制备工艺和扩展了 Bijel 的材料体系。

对于热诱导相分离法和溶剂转移诱导相分离法来说，虽然体系中的组分是部分混溶的，但是其中包含许多有毒或易爆的成分，从而限制了材料的广泛应用。直接搅拌法虽有温度、时间和搅拌速度等多方面的外部因素的影响，但可以弥补这种不足。Cai 等[98] 利用高黏度体系在相反转过程中会出现短暂的双连续状态这一现象，在高黏度甘油和硅油体系中，通过室温下直接搅拌的方法获得了 Bijel 结构（图 1.14）。该方法的建立填补了低分子量液体体系和高聚物体系之间的研究断层，扩展了 Bijel 的应用空间。如何提高 Bijel 结构的稳定性是直接搅拌法构建 Bijel 结构的一大难题，研究发现体系黏度越大，两相密度差越小，Bijel 结构的稳定性越好。此外，将胶体颗粒与两相流体中的某一相进行靶向"识别"和"绑定"也被证实是一种提高其稳定性的有效方法[99]。

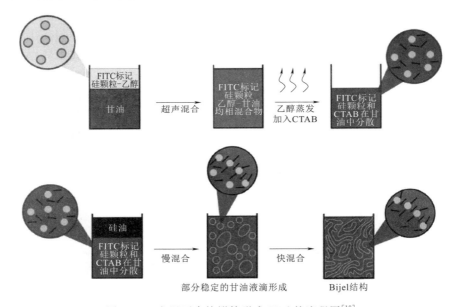

图 1.14　室温下直接搅拌形成 Bijel 的流程图[18]

在传统的双连续乳液凝胶中，我们通常选用球形二氧化硅胶体颗粒来稳定结构。在 2015 年，Hijnen 等人[100] 模拟并证实了利用棒状胶体颗粒稳定双连续型结构。由于棒状胶体颗粒有相对于球形更大的比表面积，所以在利用它来稳定 Bijel 结构时，随着其体积分数的增加，Bijel 产生更小的结构域，但结构本身并未发生改变，从而使结构更加稳定。与此同时，Imperiali 等人[101] 报道了使用片状石墨烯氧化物来稳定 Bijel 结构。他们认为，与球形胶体颗粒的挤压不同，利用片状石墨烯氧化物的二维特性，将其用于稳定 Bijel 结构界面时，会形成高弹性层，这为用于稳定 Bijel 结构的不同形状胶体颗粒提供了更多选择。总的来说，这项研究启发了我们对其他可用于稳定 Bijel 结构的非球形胶体粒子的探索。

1.3.4.2 利用 Bijel 结构构建多孔材料

利用 Bijel 模板法构建多孔材料是一种新的制备多孔材料的方法。通过将单体选择性地引入到 Bijel 的其中一相中，在不破坏 Bijel 结构的前提下引发单体聚合，制备由二氧化硅胶体颗粒附着在微观表面且具有双连续多孔结构的聚合物材料，此外，以该材料作为模板又可构建新的多孔材料群。目前，Bijel 的固化方法多采用光引发自由基聚合。如图 1.15 所示，Haase 等[97] 利用溶剂转移诱导相分离法结合不同的成型工艺分别构建了线状、粒状和膜状 Bijel 结构，并通过光引发将油相固化后得到了不同形状的 Bijel 结构的聚合物材料。

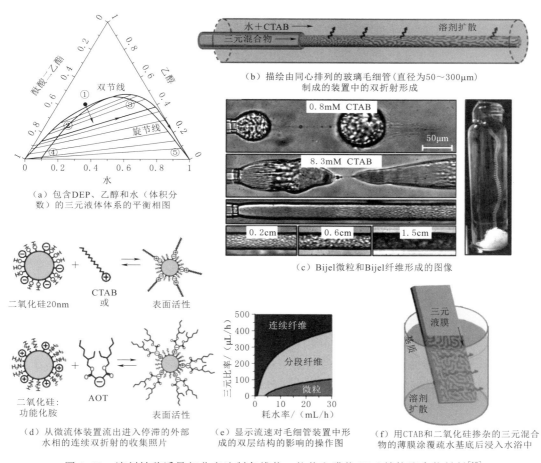

图 1.15 溶剂转移诱导相分离法制备线状、粒状和膜状 Bijel 结构聚合物材料[17]

Bijel 模板法所构建的多孔材料孔道表面附着有胶体颗粒，以该多孔材料为模板，又可构建出新的多孔材料群，2010 年，Lee 等[102] 开辟了 Bijel 模板法制备多孔材料的新方法。如图 1.16 所示，首先利用传统的 Bijel 模板法制备出表面被二氧化硅胶体颗粒附着的多孔聚合物，然后以该材料作为模板构建新的多孔材料：①多孔聚合物，通过酸刻蚀法可去除孔道表面附着的二氧化硅胶体颗粒，得到表面布满小凹坑的多孔聚合物；②多孔陶瓷，以①中多孔聚合作为模板，在其孔道中引入陶瓷前驱体和热引发剂，于 1000℃ 下烧结，通过微观结构反转制得多孔陶瓷；③二级孔结构的金属空壳，通过电镀法在其表面用金属进行镀层，500℃下热解去除聚合物后得到具有二级孔结构的金属空壳，其中一级孔保留了 Bijel 的双连续结构，二级孔为双连续结构孔道表面由二氧化硅胶体颗粒富集产生的多孔表面。

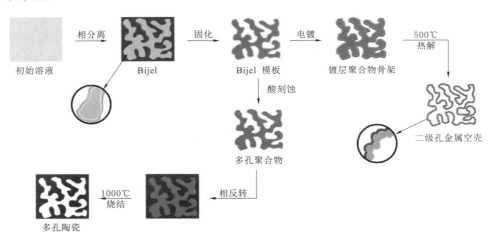

图 1.16　Bijel 模板法制备多孔材料流程示意图

比较而言，高黏度的高聚物体系较低黏度的低分子量体系更易构建 Bijel 结构。目前低分子量体系构建 Bijel 结构的研究多集中于水－2,6－二甲基吡啶体系，而用于构建 Bijel 结构的高聚物体系可选范围要广得多。胶体颗粒作为双连续流体界面的稳定剂，其制备过程和方法都可根据实验需要调节，具有合适润湿性能，即可以同时被两相流体润湿是胶体颗粒需要具备的关键性能。在 3 种关于 Bijel 的制备方法中，相对成熟且普遍使用的方法是热诱导相分离（TIPS）法，溶剂转移诱导相分离（STRIPS）法在制备纤维材料等方面有普遍应用，室温下直接搅拌法是国际上首次提出的，未来有很好的发展潜力。除了热与溶剂转移可诱导相分离以外，反应同样可诱导相分离，称为反应诱导相分离（RIPS），那么这种方法是否同样适用于 Bijel 的制备，可作为一个重要课题进行研究。Bijel 模板法作为一种新的制备多孔材料的模板，将在以后 Bijel 的实验研究中占有重要地位，其特殊的结构具有巨大的潜在应用价值。本书列举了 Bijel 模板在多个领域的应用，在医学方面，作为细胞输送的水凝胶，它不仅拥有坚固的支架，还有相对合适的负载量，在靶向药物输送、细胞黏附和增殖、组织工程等方面也会有应用；在电化学方面，以 Bijel 为模板制备的电极电池有足够的存储能力，预示着未来 Bijel 在电化学方面的应用与研究有长远发展。

参　考　文　献

［1］　Hood H P，Nordberg M E. Method of treating borosilicate glasses［P］. U. S：2286275，1942.

［2］　Carteret C，Burneau A. Effect of heat treatment on boron impurity in Vycor. Part Ⅰ. Near infrared spectra and ab initio calculations of the vibrations of model molecules for surface boranols［J］. Physical Chemistry Chemical Physics，2000，2（8）：1747－1755.

［3］　Janowski F，Heyer W，Wolf F. Boron migration and thermal stability of porous glass catalysts［J］.

Reaction Kinetics，Mechanisms and Catalysis，1983，22（1）：23－27.

［4］ Che T，Carney R V，Dotson D L. Porous glass monoliths［P］. U. S：4765818，1989.

［5］ Haller W，Blackburn D H，Wagstaff F E，et al. Metastable immiscibility surface in the system $Na_2O－B_2O_3－SiO_2$［J］. Journal of the American Ceramic Society，2010，53（1）：34－39.

［6］ Tanaka K. Defect states and carrier capture processes in a－Si：H［J］. Journal of Non－Crystalline Solids，1984，66（1－2）：205－216.

［7］ Drexhage M G，Gupta P K. Stresses arising during the leaching of a two－Phase glass［J］. Journal of the American Ceramic Society，2010，63（3－4）：196－201.

［8］ Morimoto S. Preparation of porous glass ceramics in the system $SiO_2－AlPO_4$［J］. Journal of the Ceramic Society of Japan，1990，98：1029－1033.

［9］ Kokubu T，Yamane M. Incorporation of transition metal in porous glass－ceramics of $TiO_2－SiO_2$ system［J］. Journal of Materials Science，1990，25（6）：2929－2933.

［10］ 印冰，邓再德，杨钢锋，等. $P_2O_5－SiO_2－Na_2O－Al_2O_3$ 玻璃系统的热力学性质［J］. 华南理工大学学报：自然科学版，2004，32（3）：20－22.

［11］ Nakashima T，Kuroki Y. Effect of composition and heat treatment on the phase separation of $NaO－B_2O_3－SiO_2－Al_2O_3－CaO$ glass prepared from volcanic ashes［J］. Nippon Kagaku Kaishi，1981，8：1231－1238.

［12］ Chaturaporn N，Shigeki M，Chaiyot T. Preparation and properties of porous glass using fly ash as a raw material［J］. Journal of Non－Crystalline Solids，2009，355：1737－1741.

［13］ Kukizaki M. Acid leaching process in the preparation of porous glass membranes from phase－separated glassin the $Na_2O－CaO－MgO－Al_2O_3－B_2O_3－SiO_2$ System［J］. Membrane，2004，29（5）：301－308.

［14］ Kukizaki M，Goto M. Preparation and characterization of a new asymmetric type of Shirasu porous glass（SPG）membrane used for membrane emulsification［J］. Journal of Membrane Science，2007，299（1－2）：190－199.

［15］ Sarikaya A，Dogan F. Effect of various pore formers on the microstructural development of tape－cast porous ceramics［J］. Ceramics International，2013，39（1）：403－413.

［16］ Ke X B，Zheng Z F，Zhu H Y，et al. Metal oxide nanofibres membranes assembled by spin－coating method［J］. Desalination，2009，236（1）：1－7.

［17］ Fernando J A，Chung D D L. Improving an alumina fiber filter membrane for hot gas filtration using an acid phosphate binder［J］. Journal of Materials Science，2001，36（21）：5079－5085.

［18］ Tang F，Fudouzi H，Uchikoshi T，et al. Preparation of porous materials with controlled pore size and porosity［J］. Journal of the European Ceramic Society，2004，24（2）：341－344.

［19］ Zhang J L，Li W，Meng X K，et al. Synthesis of mesoporous silica membranes oriented by self－assembles of surfactants［J］. Journal of Membrane Science，2003，222（1－2）：219－224.

［20］ Klempner D，Frisch K C. Handbook of polymeric foams and foam technology［M］. Munich：Hanser，1993.

［21］ Marcolongo A，Mazzetti M D，Rubello D. Polycarbonate foams with tailor－made cellular structures by controlling the dissolution temperature in a two－step supercritical carbon dioxide foaming process［J］. Journal of Supercritical Fluids the，2014，88（2）：66－73.

［22］ Guan R，Chen H，Zhao J，et al. Microcellular foaming of plasticized thin PC sheet：Ⅱ. mechanical properties［J］. Polymer－Plastics Technology and Engineering，2012，51（5）：526－532.

［23］ Yaron P N，Scott A J，Reynolds P A，et al. High internal phase emulsions under shear. Co－surfactancy and shear stability［J］. Journal of Physical Chemistry B，2011，115（19）：5775－5784.

[24]　Chieng T H，Gan L M，Chew C H，et al. Microstructural control of porous polymeric materials via a microemulsion pathway using mixed nonpolymerizable and polymerizable anionic surfactants [J]. Langmuir，1996，12 (2)：319 – 324.

[25]　Yanagishita H，Maejima C，Kitamoto D，et al. Preparation of asymmetric polyimide membrane for water/ethanol separation in pervaporation by the phase inversion process [J]. Journal of Membrane Science，1994，86 (3)：231 – 240.

[26]　Loeb S，Milstein F. Sea water demineralization by means of a semipermeable membrane [J]. Journal of Applied Polymer Science 1960，60 (60)：1 – 35.

[27]　Koenhen D M，Mulder M H V，Smolders C A. Phase separation phenomena during the formation of asymmetric membranes [J]. Journal of Applied Polymer Science，1977，21 (1)：199 – 215.

[28]　Sukitpaneenit P，Chung T S. Molecular elucidation of morphology and mechanical properties of PVDF hollow fiber membranes from aspects of phase inversion，crystallization and rheology [J]. Journal of Membrane Science，2009，340 (1 – 2)：192 – 205.

[29]　Cabasso I，Klein E，Smith J K. Polysulfone hollow fibers. I. Spinning and properties [J]. Journal of Applied Polymer Science，2010，20 (9)：2377 – 2394.

[30]　Cabasso I，Klein E，Smith J K. Polysulfone hollow fibers. Ⅱ. Morphology [J]. Journal of Applied Polymer Science，1977，21 (1)：165 – 180.

[31]　Koops G H，Nolten J a M，Mulder M H V，et al. Integrally skinned polysulfone hollow fiber membranes for pervaporation [J]. Journal of Applied Polymer Science，1994，54 (3)：385 – 404.

[32]　Mulder M. Basic Principles of Membrane Technology [M]. Dordrecht：Springer，1996.

[33]　Wijmans J G，Kant J，Mulder M H V，et al. Phase separation phenomena in solutions of polysulfone in mixtures of a solvent and a nonsolvent：relationship with membrane formation [J]. Polymer，1985，26 (10)：1539 – 1545.

[34]　Smolders C A，Reuvers A J，Boom R M，et al. Microstructures in phase – inversion membranes. Part 1. Formation of macrovoids [J]. Journal of Membrane Science，1992，73 (2)：259 – 275.

[35]　Tsai H A，Li L D，Lee K R，et al. Effect of surfactant addition on the morphology and pervaporation performance of asymmetric polysulfone membranes [J]. Journal of Membrane Science，2000，176 (1)：97 – 103.

[36]　Tsai H A，Ruaan R C，Wang D M，et al. Effect of temperature and span series surfactant on the structure of polysulfone membranes [J]. Journal of Applied Polymer Science，2010，86 (1)：166 – 173.

[37]　Han M J，Nam S T. Thermodynamic and rheological variation in polysulfone solution by PVP and its effect in the preparation of phase inversion membrane [J]. Journal of Membrane Science，2002，202 (1 – 2)：55 – 61.

[38]　Chakrabartya B，Ghoshal A K，Purkait M K. Preparation，characterization and performance studies of polysulfone membranes using PVP as an additive [J]. Journal of Membrane Science，2008，315 (1)：36 – 47.

[39]　Chakrabarty B，Ghoshal A K，Purkait M K. Effect of molecular weight of PEG on membrane morphology and transport properties [J]. Journal of Membrane Science，2008，309 (1 – 2)：209 – 221.

[40]　Zheng Q Z，Wang P，Yang Y N. Rheological and thermodynamic variation in polysulfone solution by PEG introduction and its effect on kinetics of membrane formation via phase – inversion process [J]. Journal of Membrane Science，2006，279 (1)：230 – 237.

［41］ Ahmad A L，Sarif M，Ismail S. Development of an integrally skinned ultrafiltration membrane for wastewater treatment：effect of different formulations of PSf/NMP/PVP on flux and rejection ［J］. Desalination，2005，179 (1)：257 – 263.

［42］ Qing Zhu Z，Wang P，Ya – Nan Y. The relationship between porosity and kinetics parameter of membrane formation in PSF ultrafiltration membrane ［J］. Journal of Membrane Science，2006，286 (1)：7 – 11.

［43］ Mosqueda – Jimenez D B，Narbaitz R M，Matsuura T，et al. Influence of processing conditions on the properties of ultrafiltration membranes ［J］. Journal of Membrane Science，2004，231 (1 – 2)：209 – 224.

［44］ Barzin J，Sadatnia B. Theoretical phase diagram calculation and membrane morphology evaluation for water/solvent/polyethersulfone systems ［J］. Polymer，2007，48 (6)：1620 – 1631.

［45］ Idris A，Zain N M，Noordin M Y. Synthesis，characterization and performance of asymmetric poly- ethersulfone (PES) ultrafiltration membranes with polyethylene glycol of different molecular weights as additives ［J］. Desalination，2007，207 (1)：324 – 339.

［46］ Li J F，Xu Z L，Yang H. Microporous polyethersulfone membranes prepared under the combined precipitation conditions with non – solvent additives ［J］. Polymers for Advanced Technologies，2010，19 (4)：251 – 257.

［47］ Rahimpour A，Madaeni S S，Mansourpanah Y. High performance polyethersulfone UF membrane for manufacturing spiral wound module：preparation，morphology，performance，and chemical cleaning ［J］. Polymers for Advanced Technologies，2010，18 (5)：403 – 410.

［48］ Cornelissen E R，Boomgaard T V D，Strathmann H. Physicochemical aspects of polymer selection for ultrafiltration and microfiltration membranes ［J］. Colloids & Surfaces A Physicochemical & Engineering Aspects，1998，138 (2 – 3)：283 – 289.

［49］ Belfer S. Modification of ultrafiltration polyacrylonitrile membranes by sequential grafting of oppo- sitely charged monomers：pH – dependent behavior of the modified membranes ［J］. Reactive & Functional Polymers，2003，54 (1 – 3)：155 – 165.

［50］ Kim I C，Yun H G，Lee K H. Preparation of asymmetric polyacrylonitrile membrane with small pore size by phase inversion and post – treatment process ［J］. Journal of Membrane Science，2002，199 (1 – 2)：75 – 84.

［51］ Scharnagl N，Buschatz H. Polyacrylonitrile (PAN) membranes for ultra – and microfiltration ［J］. Desalination，2001，139 (1 – 3)：191 – 198.

［52］ Zhu T，Luo Y，Lin Y，et al. Study of pervaporation for dehydration of caprolactam through blend NaAlg – poly (vinyl pyrrolidone) membranes on PAN supports ［J］. Separation & Purification Technology，2010，74 (2)：242 – 252.

［53］ Zhang G，Hong M，Ji S. Hydrolysis differences of polyacrylonitrile support membrane and its influ- ences on polyacrylonitrile – based membrane performance ［J］. Desalination，2009，242 (1)：313 – 324.

［54］ Reddy A V R，Patel H R. Chemically treated polyethersulfone/polyacrylonitrile blend ultrafiltration membranes for better fouling resistance ［J］. Desalination，2008，221 (1 – 3)：318 – 323.

［55］ Yang S，Liu Z，Chen H. A gas – liquid chemical reaction treatment and phase inversion technique for formation of high permeability PAN UF membranes ［J］. Journal of Membrane Science，2005，246 (1)：7 – 12.

［56］ Wu L，Liu M. Preparation and characterization of cellulose acetate – coated compound fertilizer with controlled – release and water – retention ［J］. Polymers for Advanced Technologies，2010，19

(7)：785 – 792.

[57]　Nagendran A，Vidya S，Mohan D D. Preparation and characterization of cellulose acetate – sulfonated poly (ether imide) blend ultrafiltration membranes and their applications [J]. Soft Materials，2008，6 (2)：45 – 64.

[58]　Raguime J A，Arthanareeswaran G，Thanikaivelan P，et al. Performance characterization of cellulose acetate and poly (vinylpyrrolidone) blend membranes [J]. Journal of Applied Polymer Science，2007，104 (5)：3042 – 3049.

[59]　Vijayalakshmi A. Effect of additive concentration on cellulose acetate blend membranes – preparation，characterization and application studies [J]. Separation Science and Technology，2008，43 (8)：1933 – 1954.

[60]　Yingzuo D，Yixu Y，Linxu W，et al. The influence of PEG molecular weight on morphologies and properties of PVDF asymmetric membranes [J]. Chinese Journal of Polymer Science，2008，26 (4)：405 – 414.

[61]　Winkelmann J. Preparation of hydrophobic PVDF hollow fiber membranes for desalination through membrane distillation [J]. Water Science & Technology A Journal of the International Association on Water Pollution Research，2009，69 (1)：78 – 86.

[62]　Choi S H，Tasselli F，Jansen J C，et al. Effect of the preparation conditions on the formation of asymmetric poly (vinylidene fluoride) hollow fibre membranes with a dense skin [J]. European Polymer Journal，2010，46 (8)：1713 – 1725.

[63]　Hyun Y S，Hak K J，Young J J，et al. Influence of the addition of PVP on the morphology of asymmetric polyimide phase inversion membranes：effect of PVP molecular weight [J]. Journal of Membrane Science，2004，236 (1 – 2)：203 – 207.

[64]　Mara Z，Raul R，De S J F，et al. Morphologic analysis of porous polyamide 6，6 membranes prepared by phase inversion [J]. Desalination，2008，221 (1)：294 – 297.

[65]　Castro A J. Methods for making microporous products [P]. US：4247498，1981.

[66]　Hiatt W C，Vitzthum G H，Wagener K B，et al. Microporous membranes via upper critical temperature phase separation [J]. Materials Science of Synthetic Membranes，1985，269 (10)：229 – 244.

[67]　Kim J F，Jung J T，Wang H H，et al. Microporous PVDF membranes via thermally induced phase separation (TIPS) and stretching methods [J]. Journal of Membrane Science，2016，509：94 – 104.

[68]　Tang N，Feng C，Han H，et al. High permeation flux polypropylene/ethylene vinyl acetate co – blending membranes via thermally induced phase separation for vacuum membrane distillation desalination [J]. Desalination，2016，394：44 – 55.

[69]　Xavier P，Jain S，Vijay S T，et al. Designer porous antibacterial membranes derived from thermally induced phase separation of PS/PVME blends decorated with an electrospun nanofiber scaffold [J]. Rsc Advances，2016，6 (13)：10865 – 10872.

[70]　Wu Q Y，Liang H Q，Gu L，et al. PVDF/PAN blend separators via thermally induced phase separation for lithium ion batteries [J]. Polymer，2016，107：54 – 60.

[71]　Burghardt W R. Phase diagrams for binary polymer systems exhibiting both crystallization and limited liquid – liquid miscibility [J]. Macromolecules，1989，22 (5)：2482 – 2486.

[72]　Norio Tsujioka，Natsuki Hira，Satoshi Aoki，et al. A new preparation method for well – controlled 3D skeletal epoxy resin – based polymer monoliths [J]. Macromolecules，2005，38 (24)：9901 – 9903.

[73]　Tsujioka N，Ishizuka N，Tanaka N，et al. Well – controlled 3D skeletal epoxy – based monoliths ob-

tained by polymerization induced phase separation [J]. Journal of Polymer Science Part A Polymer Chemistry, 2008, 46 (10): 3272 – 3281.

[74] Williams R J J, Borrajo J, Adabbo H E, et al. A model for phase separation during a thermoset polymerization [J]. Advances in Chemistry, 1984, 208 (208): 195 – 213.

[75] Kubo T, Tominaga Y, Yasuda K, et al. Spontaneous water cleanup using an epoxy – based polymer monolith [J]. Analytical Methods, 2010, 2 (5): 570 – 574.

[76] Li J, Du Z, Li H, et al. Porous epoxy monolith prepared via chemically induced phase separation [J]. Polymer, 2009, 50 (6): 1526 – 1532.

[77] Li J, Du Z, Li H, et al. Chemically induced phase separation in the preparation of porous epoxy monolith [J]. Journal of Polymer Science Part B Polymer Physics, 2010, 48 (20): 2140 – 2147.

[78] Gramespacher H, Meissner J. Melt elongation and recovery of polymer blends, morphology, and influence of interfacial tension [J]. Journal of Rheology, 1997, 41 (1): 27 – 44.

[79] Xie X M, Xiao T J, Zhang Z M, et al. Effect of interfacial tension on the formation of the gradient morphology in polymer blends [J]. Journal of Colloid and Interface Science, 1998, 206 (1): 189 – 194.

[80] And H K, Char K. Effect of phase separation on rheological properties during the isothermal curing of epoxy toughened with thermoplastic polymer [J]. Industrial & Engineering Chemistry Research, 2000, 39 (39): 955 – 959.

[81] Ramsden W. Separation of solids in the surface – layers of solutions and 'suspensions' (observations on surface – membranes, bubbles, emulsions, and mechanical coagulation) [J]. Proceedings of the Royal Society of London, 1903, 72: 156 – 164.

[82] Stratford K, Adhikari R, Pagonabarraga I, et al. Colloidal jamming at interfaces: A route to fluid – bicontinuous gels [J]. Science, 2005, 309: 2198 – 2201.

[83] Herzig E M, White K A, Schofield A B, et al. Bicontinuous emulsions stabilized solely by colloidal particles [J]. Nature Materials, 2007, 6 (12): 966 – 971.

[84] Dinsmore A D, Hsu M F, Nikolaides M G, et al. Colloidosomes: selectively permeable capsules composed of colloidal particles [J]. Science, 2002, 298: 1006 – 1009.

[85] Mcdevitt K M, Thorson T J, Botvinick E L, et al. Microstructural characteristics of bijel – templated porous materials [J]. Elsevier, 2019, 7 (100393).

[86] Herzig E M, White K A, Schofield A B. Bicontinuous emulsions stabilized solely by colloidal particles [J]. Nature Materials, 2007, 6 (12): 966 – 971.

[87] Reeves, Stratford M, Thijssen K, et al. Quantitative morphological characterization of bicontinuous pickering emulsions via interfacial curvatures [J]. Soft Matter, 2016, 12 (18): 4082 –4092.

[88] Lee M N, Mohraz A. Templated Structures: Bicontinuous macroporous materials from bijel templates [J]. Advanced Materials, 2010, 22 (43): 4784 – 4092.

[89] Cates, Clegg M E, Paul S. Bijels: a new class of soft materials [J]. Soft Matter, 2008, 4 (11): 2132 – 2138.

[90] Tavacoli J W, Thijssen J W, Schofield J H, et al. Novel, robust, and versatile bijels of nitromethane, ethanediol, and colloidal silica: capsules, sub – ten – micrometer domains, and mechanical properties [J]. Advanced Materials for Optics and Electronics, 2011, 21 (11): 2020 –2027.

[91] Lee M N, Matthew A. Hierarchically porous silver monoliths from colloidal bicontinuous interfacially jammed emulsion gels [J]. Journal of the American Chemical Society, 2011, 133 (18): 6945 – 6947.

[92] White K A，Schofield A B，Binks B P，et al. Influence of particle composition and thermal cycling on bijel formation [J]. Journal of Physics：Condensed Matter，2008，20（49）：1 – 6.

[93] Otzen D Potein – surfactant interactions：A tale of many states [J]. BBA – Proteins & Proteomics，2011，1814：562 – 591.

[94] Schomaecker R，Robinson B H，Fletcher P D I. Interaction of enzymes with surfactants in aqueous solution and in water – in – oil microemulsions [J]. Cheminform，1988，84：4203 – 4212.

[95] Rubingh D N. The influence of surfactants on enzyme activity [J]. Current Opinion in Colloid & Interface Science，1996，1：598 – 603.

[96] Vitantonio D，Lee G，Stebe D. Fabrication of solvent transfer – induced phase separation bijels with mixtures of hydrophilic and hydrophobic nanoparticles [J]. Soft matter，2020，16（25）：5848 – 5853.

[97] Haase M F，Stebe K J. Lee D. Continuous fabrication of hierarchical and asymmetric Bijel microparticles，fibers，and membranes by solvent transfer – induced phase separation [J]. Advanced materials，2015，27（44）：7065 – 7071.

[98] Cai D C，Paul S，Li T，et al. Bijels formed by direct mixing [J]. Soft Matter，2017，13（28）：4824 – 4829.

[99] Huang C，Forth J，Wang W，et al. Bicontinuous structured liquids with sub – micrometre domains using nanoparticle surfactants [J]. Nature Nanotechnology volume，2017，12：1060 – 1063.

[100] Hijnen N，Cai D Y，Clegg P S. Bijels stabilized using rod – like particles [J]. Soft Matter，2015，11：4351 – 4355.

[101] Imperiali L，Clasen C，Fransaer J，et al. A simple route towards graphene oxide frameworks [J]. Mater Horiz，2014，1：139 – 145.

[102] Lee M N，Mohraz A. Bicontinuous macroporous materials from Bijel templates [J]. Advanced materials，2010，22：4836 – 4841.

第2章 相分离理论基础

在相图中，当二（多）元共混体系状态由单相区淬冷至两（多）相区时，体系发生相分离，生成各组分的富集相。随着相分离过程的进行，两相结构经过不同形态的演化，最终固定在平衡态。在这个过程中，相分离途径和结果受体系种类、组成和环境条件的影响和制约。

2.1 热力学理论

对于高分子共混体系，组分均存在一定程度上的热力学不相容性，而相分离的驱动力正是来源于组分间的热力学不相容。20 世纪 40 年代，Flory 和 Higgins 创立了高分子共混统计热力学理论[1]。对于 A、B 两种高分子，其单位链段混合自由能定义为

$$\frac{\Delta G(\phi)}{k_B T} = \frac{\phi_A}{N_A} \ln \phi_A + \frac{\phi_B}{N_B} \ln \phi_B + \chi \phi_A \phi_B \tag{2.1}$$

式中：N_A、N_B 为链段数；ϕ_A、ϕ_B 分别为 A、B 组分的体积分数；χ 为两组分间的相互作用参数，$\Delta G(\phi)$ 为混合自由熵；k_B 为波兹曼常数。

等式右边前两项是混合熵的作用，后一项是混合焓的影响。可以发现，混合熵为负值，总是利于混合，但是当聚合物链段数 N_A、N_B 很大时，熵项贡献很小。通常高分子混合时为吸热过程，即混合焓为正值，在两种因素共同作用下，多数的聚合物共混时都不能达到分子水平或链段水平的混溶。

但是也有一些共混高聚物在某一浓度范围内互溶或部分互溶，主要分为 3 种情况：①体系存在一个最低临界温度，称为最低临界互溶温度（lower critical solution temperatue，LCST），该温度以下，体系完全互溶，该温度以上体系部分互溶[2-3]，如图 2.1（a）所示；②体系存在一个最高临界温度，称为最高临界互溶温度（upper critical solution temperatue，UCST），该温度以上体系完全互溶，该温度以下体系部分互溶[4]，如图 2.1（b）所示；③同时存在 UCST 和 LCST，如图 2.1（c）所示。

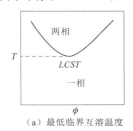
（a）最低临界互溶温度
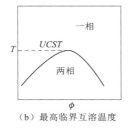
（b）最高临界互溶温度
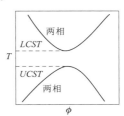
（c）同时存在最低和最高互溶温度

图 2.1 聚合物共混体系的相图

2.2　相　分　离　机　理

通常情况下相分离机理主要包括两种：①旋节线降解（spinodal decomposition，SD）机理[5]；②成核生长（nucleation and growth，NG）机理[6]。图 2.2 是典型的 UCST 体系，该体系存在最高临界温度 T_c。自由能-组成曲线上的两相共存点在相图上对应于平衡态曲线，通常称为双结线（Binodal line），双结线上各组分在两相的化学势相等（$\mu'_A = \mu'_B$）；自由能-组成曲线上的拐点在相图上对应于相亚稳态的边界，称为旋节线（spinodal line）。双结线以上的区域为热力学稳定区，体系处于互溶的均相状态，旋节线与双结线之间的区域为亚稳区，旋节线内的区域为不稳定的两相区域。如图 2.2（a）所示，当体系由均相 $P_1(\phi_0，T_1)$ 点淬冷到旋节线以下 $P_2(\phi_0，T_2)$ 时，体系的均相极不稳定，微小的组成涨落均可降低体系自由能，没有热力学位垒，此时体系将发生连续相分离，且遵从 SD 相分离机理。在相分离初期，体系形成微双连续相，此时两相组成差异很小，没有清晰的相界面。随着反应的进行，为了达到平衡组成，高分子由低浓度区扩散至高浓度区，使得两相组成差异越来越大，同时相界面也越来越清晰。两相组成逐渐接近双结线，最终体系达到平衡态，形成分散结构（相反转）或双连续贯通孔结构。

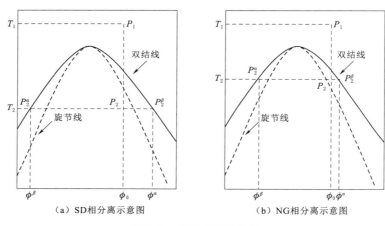

（a）SD相分离示意图　　　　　　（b）NG相分离示意图

图 2.2　典型 UCST 体系

如图 2.2（b）所示，当体系点 $P_2(\phi_0，T_2)$ 位于双结线和旋节线之间时，体系处于亚稳态，对有限的浓度涨落失稳，其中一相发生成核生长，最终形成球状结构分散在另一相中，这一过程遵循 NG 相分离机理。NG 分相无法通过微小的浓度涨落实现，必须在体系中克服热力学位垒形成分散相的"核"，因此 NG 分相通常需要较长时间[7-8]。

2.3　黏　弹　性　相　分　离

Tanaka[9] 在 20 世纪 80 年代发现在深度淬冷的条件下，动力学不对称体系（高分子溶液或两组分存在较大差异的聚合物共混物）会发生异常的相分离行为。体系中某一组分由于扩散较慢，不能及时分相，表现为一个黏弹体，因此称为黏弹性相分离。相分离过程中体系内部动力学不对称是造成黏弹性相分离和经典相分离显著差异的主要原因。如图2.3所示是经典流体模型的相图示意图；如图2.4所示是动力学不对称体系的相图示意图。其中，SSL（static symmetric line）为静态对称线，DSL（dynamic symmetric line）为动态对称线。

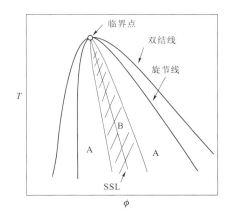

图 2.3　经典流体模型相图示意图
A—球相结构；B—双连续结构

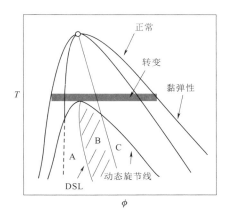

图 2.4　动力学不对称体系的相图示意图
A—球相结构；B—双连续结构；C—泡沫状结构

黏弹性相分离的动力学过程中存在一些特有的物理现象[10]：

（1）相分离初期的"冻结"状态：当外界条件改变时，体系在初始的一段时间内仍保持均匀溶液的状态，相分离具有一定的滞后性。

（2）相分离中期高分子富集相更易形成连续网状结构：与小分子系统不同，对高分子系统而言，即使初始混合物中高分子含量小，相分离中期，也总是富高分子相形成连续网状结构。

（3）相分离中后期，富高分子相区域出现体积缩减：相分离后期两相浓度随着时间的推进逐渐向平衡浓度过渡，溶剂分子逆着浓度梯度方向进行相间迁移，高分子富集相的体积随之减小。

（4）相分离末期出现"相反转"现象：当初始状态高分子含量较低时，随着体积缩减现象的发生，高分子网络结构逐渐变细、断裂，最终成为分散的液滴状态，该现象称为相反转。

2.4　相态的演变理论

关于相分离过程中相态的演化理论在过去几年不断地建立和完善。对于双连续结构，Siggsa[11] 提出了流体流动机理（hydrodynamic mechanism）。该机理利用毛细管流动不稳定性解释了相分离后期双连续相尺寸的动力学变化，并推导出相区尺寸随时间的增长指数为 1（$a\sim t^{\alpha}$，a 为相区尺寸，t 为时间，$\alpha=1$）。但是对于指数因子 α 的取值存在很多争议。Tanaka[12] 提出由于相分离后期界面张力的作用，相分离后期可能会发生界面淬灭效应，并指出高流动性可促进相区尺寸非正常模式的快速增长，导致体系局部浓度偏离平衡浓度，从而产生二次相分离，此时 α 的取值将大于 1。关于分散相结构的理论主要包括蒸发凝聚机理（evaporation - condensation mechanism）和碰撞凝聚机理（collision and coalescence mechanism），前者主要是 Lifshitz - Slyzov - Wagner（LSW）机理[13]，后者主要是 Binder - Stauffer（BS）机理[14]。LSW 机理认为相尺寸的增大源于化学势的曲率依赖性，组分由高曲率区向低曲率区迁移。为了降低体系总的界面自由能，具有高曲率和高表面能的小粒径颗粒逐渐消失，而具有低曲率和低表面能的大粒子渐渐粗大化，相尺寸随时间的增长指数 $\alpha = 1/3$。BS 机理认为相尺寸的增大源于自由热运动中粒子之间的碰撞凝结，相分离过程主要取决于两组分的扩散运动。该机理相尺寸随时间的增长指数也是 1/3。随着液滴相体积分数的增大，相尺寸随时间的增长指数 α 由 1/3 逐渐增至 1。对此 Tanaka[12] 提出了碰撞诱导碰撞理论（collision - induced collision，CIC），与未发生碰撞的粒子相比，发生碰撞的粒子具有明显增大的相尺寸增长速率。在具有高体积分数液滴相的体系中，液滴间的融合造成局部组成失衡，从而产生局部浓度场的松弛过程，进而促进了粒子的运动，并与相邻粒子发生碰撞融合。对于黏弹性体系，Tanaka 认为增长指数与粗大化机理之间不存在对应关系，但在相分离过程中的弹性期存在相区尺寸快速增长的可能，在弹性期的后期，由于钉锚效应而使相区尺寸增长变慢。

2.5　反应诱导相分离

反应诱导相分离（chemically induced phase separation）法是 20 世纪 80 年代首次被提出的一种聚合物物理改性方法，其过程可描述为：在固化反应开始前，将基体组分与改性组分混合均匀后，此时体系处于均相状态。相分离由固化反应引发，基体组分与改性组分间相容性降低，促使体系发生分相，相结构逐渐粗大化。随着体系的凝胶化，相结构冻结，相分离终止。该过程可以简单概括为以下几个阶段：诱导期、相分离起始（浊点）、凝胶化、相尺寸的固定（凝胶点）、相分离的终止和树脂的玻璃化。

2.5.1　反应诱导相分离机理

反应诱导相分离过程中，随着反应的进行，体系的物化性质不断发生变化，因此该过程中的相分离行为与热诱导相分离行为存在很大的不同。在热诱导相分离中，当体系从均相 T_1 淬冷至双相 T_2 时，淬冷度定义为 T_2 与 T_s 的差值（T_s 为某组成下共混物的旋节线温度），淬冷度越大，相间距越小。而在反应诱导相分离中，随着反应的进行，热固性树脂的分子量不断增大，相图位置不断发生变化，使得体系淬冷度随反应的进行不断增加。淬冷度的不断增加和增加的速度都会对相分离过程和结果产生影响，从而生产不同于热诱导相分离的相结构[15-16]。

由于反应速率一般大于相分离速率，即体系淬冷速率较大，体系更倾向于按 SD 相分离进行[8]。尽管体系由单相区淬冷至两相区时，需要经过 NG 区，但由于 NG 分相无法通过微小的浓度涨落实现，必须在体系中克服热力学位垒形成分散相的"核"，因此体系经常来不及进行成核生长就进入 SD 相分离区。如图 2.5 所示，路径 1 a→b→c→e：反应初期，均相共混物形成双连续结构，随着固化反应的进行，相区粗大化，相结构尺寸增加。

由于不断增大的界面张力的作用，其中一相的连续性被打破，形成相互分离的液滴状结构。为了进一步降低界面自由能，这些液滴之间不断碰撞融合，再次形成连续相，实现相反转。路径 2 a→d→e：反应初期形成的双连续结构随着固化反应不断粗大化，这里不断增大的界面张力不足以将其中一相的连续性打破，因此体系始终保持双连续结构。

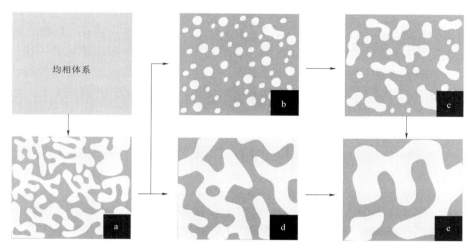

图 2.5　旋节线相分离过程中相结构演化示意图

在一些体系中，可能同时存在不同的相分离机理，即二次相分离机理。Oyanguren 等[17] 在 PSF/环氧体系中观察到了二次相分离现象。相分离后期环氧富集相中出现了小粒径 PSF 富集相粒子，而 PSF 富集相中出现了小粒径环氧富集相粒子。该过程可以分为两个阶段：第一个阶段体系形成双连续结构，遵从 SD 相分离机理；第二个阶段在局部形成球形粒子，遵从 NG 相分离机理。Lee 等[18] 在双酚 A 型氰酸酯（BPACY）/聚醚酰亚胺（PEI）体系中也观察到了二次相分离现象。BPACY 单体扩散速率较大，因此在相分离初期形成了较大尺寸的双连续结构。此时由于体系较高的反应速率和 PEI 富集相黏度的突然增大，二次相分离发生。双酚 A 型缩水甘油醚（DGEBA）/聚醚酰亚胺（PEI）体系中也存在二次相分离现象[19]。如图 2.6（a）所示，该体系具有两个 UCST。体系固化温度为 T_1，当反应转化率达到 x_1 时，体系发生旋节线降解相分离，由于此时体系黏度较

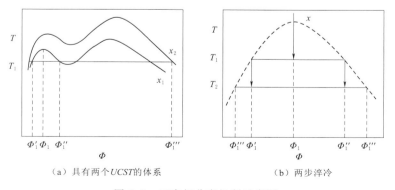

（a）具有两个 UCST 的体系　　　　（b）两步淬冷

图 2.6　二次相分离机制示意图

低（DGEBA 单体浓度较大且转化率低），两相尺寸较大（组成分别为 Φ_1' 和 Φ_1''）。随着反应的进行，体系转化率变为 x_2，从图中可以看出，PEI 富集相的平衡浓度突然从 Φ_1'' 变为 Φ_1'''。这种平衡浓度突然的变化类似于图 2.6（b）所示的两步淬冷。第一次相分离产生的 PEI 富集相（组成为 Φ_1''）黏度较大且平衡浓度突然改变诱发了二次相分离。

Tanaka 等[12] 认为二次相分离的出现是由于体系的高流动性或润湿作用。图 2.7 是在具有高流动性的体系中（流动性参数 $R=120$），旋节线降解相分离的 2D 相结构演化示意图。从图中可以清楚地看到相分离后期，在两相区域中出现了颗粒状的另一相。相分离过程中存在两种相关的传质机制：因浓度涨落引起的扩散运动和流体本身的流动，两者以一种复杂的方式相互耦合。前者影响两相间的组成差，后者与相尺寸粗化有关。在界面张力的驱动下，相分离后期体系总的表面积随着相区的粗化迅速减小。由于流体流动的作用远远大于扩散，流体流动作用下的相粗化（界面张力驱动下的流体流动只引起相结构的粗化，不引起浓度的变化）速度很快，以至于体系浓度扩散速度不足以使体系局部浓度达到平衡。在这种情况下宏观相尺寸远远大于界面厚度，相状态处于旋节线和双节线之间，此时的相状态是亚稳态的或者不稳态的，从而诱发了二次相分离。

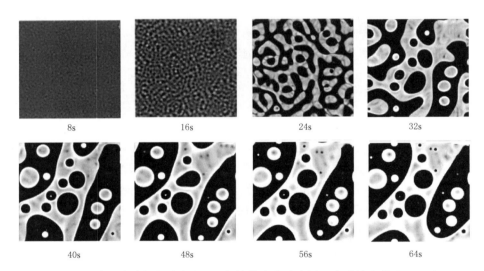

$$8s \qquad 16s \qquad 24s \qquad 32s$$

$$40s \qquad 48s \qquad 56s \qquad 64s$$

图 2.7　旋节线降解相分离的 2D 相结构演化示意图（流动性参数 $R=120$）

2.5.2　反应诱导相分离法制备多孔材料

反应诱导相分离法可用于制备聚合物多孔材料，利用该方法制备得到的多孔材料形貌包括闭孔结构、双连续骨架结构和颗粒堆积结构，其中双连续骨架结构和颗粒堆积结构多作为整体柱用于色谱分离。与其他多孔材料的制备方法相比，该方法工艺简单易操作，材料结构规则可控。其过程可简单描述为：通过化学反应诱导聚合物组分与致孔组分间发生分相，待体系固化后将致孔组分去除即得到聚合物多孔材料。致孔组分的不同造成了体系两相间相容性的差异，从而影响了体系的相分离速率。同时由于极性、氢键和黏度等的不同，不同的致孔组分将对体系反应速率产生不同的影响，因此致孔组分的选择对最终聚合物多孔材料的形貌具有决定性作用[20]。通常情况下，根据与聚合物组分间相容性的不同，致孔剂分为不良溶剂和良溶剂。研究表明，不良溶剂可以加速体系相分离，生成较大尺寸的孔结构；与之相反，良溶剂将抑制体系相分离，生成较小尺寸的孔结构。通过对致孔剂种类和组成的调控，可获得不同形貌的多孔材料[21-23]。

在利用反应诱导相分离法制备多孔材料的过程中，反应类型对双连续骨架结构的获得具有重要影响。根据反应类型的不同，反应诱导相分离分为逐步聚合诱导相分离[24]和自由基聚合诱导相分离，其中自由基聚合诱导相分离又分为普通自由基聚合诱导相分离[25]和可控自由基聚合诱导相分离[26-27]。逐步聚合反应的特点是聚合物分子量逐步增大，在聚合反应的后期，才能得到高分子聚合物。而自由基聚合反应的特点是从一聚体增长至高聚物的时间极短，聚合反应开始时就有高分子聚合物产生。在自由基聚合反应中，可控自由基聚合通过在活性种与休眠种之间建立快速交换反应，提高了自由基聚合反应的可控性，但其聚合条件苛刻，对极性基团敏感。由于反应特点的不同，逐步聚合和可控自由基聚合较普通自由基聚合更易获得双连续骨架结构。如图 2.8 所示，在普通自由基聚合中，反应初期便有高分子聚合物生成，且反应速率较大，因此极易形成微凝胶，最终生成颗粒堆积结构。而对于逐步聚合反应，聚合物链逐步增长且反应速率较小，不利于微凝胶的生成；对于可控自由基聚合反应，由于自由基可逆活化过程的存在，自由基浓度始终保持较低水平，聚合反应速率较小，从而抑制了微凝胶的聚集。

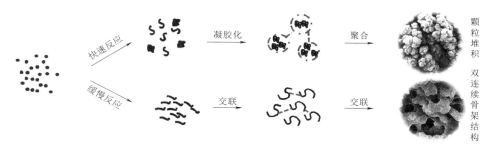

图 2.8　反应诱导相分离制备聚合物多孔材料的过程示意图

2.5.3　影响相结构的主要因素

在反应诱导相分离中，相结构的形成是热力学（体系组成、分子量、相容性等）与动力学（反应动力学与相分离动力学）共同作用的结果。随着反应的进行，不断增加的聚合物分子量提供了相分离热力学上的推动力；同时，反应的进行使得体系的玻璃化温度和黏度不断增加，两相组分的扩散能力下降，对相分离产生动力学上的阻碍作用。研究表明，利用反应诱导相分离最终得到的相结构除了与材料本身性能有关外，还与混合物组成[28-30]、相界面张力[31-32]以及黏度[33]等因素有关。

1. 材料结构的影响

在反应诱导相分离中，对两相中任一组分进行改性，改变其与另一相的相容性，可以达到调控体系相结构的目的。Inoue 等[34]研究了 TGpAP/PES/DDS 体系中固化剂 PES 端基变化对相结构的影响。以 Cl - PES（带有非反应性端基 Cl）作为固化剂，可得到 $1\mu m$ 左右的相反转结构。而以 NH_2 - PES（带有反应性端基 NH_2）作为固化剂，可得到 20nm 左右的双连续结构。若将 Cl - PES 和 NH_2 - PES 混合使用，可得到 $1\mu m$ 左右的双连续结构。增加 $NH_2 - PES$ 在混合物中的含量，双连续相结构的尺寸将减小。这是由于 $NH_2 - PES$ 与 TGpAP 固化反应后生成了嵌段共聚物，减小了两相的界面张力，从而降低了体系的相分离速率，使得相结构被冻结在 SD 相分离早期。由两种与基体相容性完全不同的线性聚合物嵌段共聚或接枝共聚后作为客体，可形成稳定的不同于一般体系的相结构。在 EVA - graft - PMMA/DGEBA/呱啶体系中[35]，乙酸乙烯酯（EVA）与基体树脂不相容，而甲基丙烯酸甲酯（PMMA）随着固化反应的进行逐渐析出。共混物经原位聚合后生成了 $0.3 \sim 0.6 \mu m$ 的核-壳（EVA - PMMA）粒子。

2. 体系组成的影响

体系组成决定了体系的热力学状态，因此改变体系组成可达到调控体系相分离途径的目的。在 DGEBA/PEI/MCDEA 体系中[36]，相结构的形态与 PEI 的浓度有很大关系。在同样固化条件下，随着 PEI 浓度的增大，最终相结构形态依次为分散结构、双连续结构和相反转结构。在 TGDDM/DDS/PEI 体系中也得到了同样的结论[37]。

3. 固化条件的影响

反应动力学和相分离动力学具有不同的温度依赖性，因此在反应诱导相分离中温度是一个比较复杂的因素。一方面温度越高，体系黏度越小，有利于相分离的进行；另一方面，温度的升高使体系反应速率增大，促进了相结构的冻结，不利于相分离的进行。在热固性/热塑性体系中[38]，当固化温度较低时，体系在发生相分离前发生了玻璃化转变，从而最终抑制了体系相分离的发生。提高固化温度后，体系分相，且随着固化温度的升高，相尺寸增大。

4. 反应速率的影响

反应速率的增大，加剧了分相过程中两相的动力学不对称性，易形成双连续结构或相反转结构。Murata 等[39] 研究了 PES 改性丙烯酸/环氧体系的光引发聚合诱导相分离，发现由于光引发聚合速率很大，即使在 PES 用量很小的情况下，体系也可形成相反转结构。通过改变反应条件，调节反应速率，可实现半互穿网络到相反转的转变。

5. 界面张力的影响

表面活性剂可降低界面张力，稳定相结构，延缓相分离，从而将相结构固定在相分离早期阶段[40]。在 DGEBA/呱啶/PPO 体系中加入了苯乙烯-马来酸酐共聚物[41]，发现生成的 PPO 分散粒子更为规整。苯乙烯-马来酸酐共聚物相当于乳化剂，降低了两相的界面张力。在 DGEBA/MCDEA/PEI 体系中[42] 加入 1wt% 的乳化剂（己内酯-二甲基硅烷嵌段共聚物）后，相同条件下体系相结构由 PEI 分散结构变为 PEI 为连续相的相反转结构，这同样归因于乳化剂对界面张力的影响。

6. 体系流动性的影响

当体系流体力学效应显著时，即体系流动性较大时，在相分离后期易发生二次相分离现象。在可逆异构化反应体系中[43]，反应速率较低，体系黏度增长较慢，在临界淬冷时可观察到二次相分离现象。这是由体系流体力学效应和化学反应速率共同作用的结果，即在低黏度、低反应速率的情况下，体系发生二次相分离，生成双模态相结构。因此体系流动性在相态演化中起到了重要作用。

2.6 界　面　效　应

有关二元共混体系相分离过程和机理的研究日益成熟，在该研究的基础上，界面对体系相分离行为的影响逐渐引起国内外学者的普遍关注。如图2.9所示[44]，在界面存在的情况下，共混体系中润湿作用强的组分将优先在界面处富集，形成润湿层，在靠近润湿层的一定区域内将形成该组分的消耗层，在垂直界面的方向上造成各组分浓度的涨落。

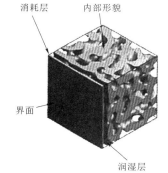

图 2.9　界面诱导相分离的相结构示意图

2.6.1 润湿的基础理论

当一滴液体在固体基板表面上时，存在两个竞争过程：一方面，液体与固体之间存在相互作用力，有利于液体在固体表面发生铺展；另一方面，在液体铺展过程中，液体与气体的接触面积增大，导致液气界面自由能增大，从而阻碍液体的铺展过程。杨氏方程很好地描述了这种关系：

$$\cos\theta = (\sigma_{sg} - \sigma_{sl})/\sigma_{lg} \tag{2.2}$$

式中：σ_{sg}、σ_{sl}、σ_{lg} 分别为固气、固液和液气界面自由能。

当 $\theta = 0$ 时，液滴可以完全铺展，即完全润湿；当 $0 < \theta < \pi$ 时，为部分润湿；当 $\theta = \pi$ 时为完全不润湿[44-45]。

2.6.2 润湿层形成机理

在界面存在的情况下，靠近界面的共混体系中各组分对界面的润湿作用存在差异时，润湿作用较强的组分通过扩散效应或者水力学效应在界面附近富集，形成润湿层，润湿层厚度随时间呈对数或者幂数增长（指数由 0.1 至大于 1）。Wiltzius 等[46] 通过对聚异戊二烯（PI）和聚乙烯丙烯（PEP）共混体系相分离的润湿层演化动力学的研究，发现体系中存在两种不同的增长模式。本体相分离呈慢增长模式（相尺寸 $L - t$），平行于界面处相分离呈快增长模式（相尺寸 $L - t^{3/2}$）。他们将这种界面增长的快增长模式解释为范德华力的作用，但是也有学者认为这实际上是水力学效应导致的。为了进一步了解润湿层的形成机理，Krausch 等[47] 发现在相容性较好的 PEP 与其氘代物 d - PEP 共混体系中，润湿层厚度的增长与时间的标度指数是 1/3，即遵循 Lifshitz - Slyozov（LS）机理，并利用动态标度理论进一步证实了自己的研究结果。此外，在具有短程范德华作用的体系中，润湿层的演化符合对数增长机理，即润湿层厚度的增长与时间的对数成正比[48]。

Geoghegan 等[49] 运用中子反射技术比较系统地分析了氘代聚苯乙烯（dPS）/聚 α-甲基苯乙烯（PαMS）共混体系相分离过程中润湿层形成机理与淬冷深度的关系。如图2.10所示，对于淬冷深度非常小的体系，本体中未发生相分离，因此可以认为润湿层的可供给组分浓度保持不变，润湿层的厚度增长与时间的标度指数接近 1/2，即典型的扩散限制增长机理。随着淬冷深度的增大，界面润湿层形成并连续增长。同时本体中相结构也不断粗化，润湿层的可供给组分浓度不断减少，因此润湿层的形成由扩散限制机理转变为对数增长机理。当淬冷深度较大时，界面处为润湿组分富集相，由于 Flory - Huggins 相

互作用参数 χ 较大，润湿层不能稳定存在，最终破裂形成液滴状。这里界面处和本体中的液滴尺寸增长与时间的标度指数均为 1/3，即遵循 LS 机理。动态标度理论结果进一步证实了以上假设。在不同的淬冷深度下，体系相形态不同，从而影响了润湿层的形成过程。因此通过改变本体相形态，可以对润湿层形成动力学进行有效调控，从而达到调控薄膜稳定性的目的。

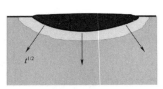 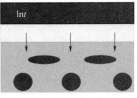 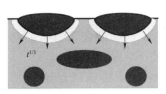

（a）最浅淬冷深度　　　　　（b）较浅淬冷深度　　　　　（c）最深淬冷深度

图 2.10　不同淬冷深度下润湿层增长示意图

Wang 等[50] 通过对薄膜共混体系 ［润湿相：氘代聚甲基丙烯酸甲酯（dPMMA）；非润湿相：苯乙烯-丙烯腈共聚物（SAN）］相分离和润湿行为的观察，将相分离过程分为以下三个阶段（图 2.11）：

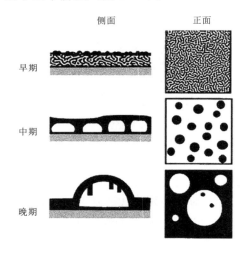

图 2.11　薄膜共混体系相分离和润湿行为的三个阶段

（黑色、白色区域分别代表 dPMMA 富集相和 SAN 富集相）

（1）早期：本体呈双连续贯通结构，如果这些微管状结构随意排列，毛细管压力将呈现各向同性；但是由于空间约束和界面干扰，微管结构将垂直于界面排布，因此将产生一个由本体指向界面的压力梯度。

（2）中期：在水力学效应的驱动下，润湿层快速形成并增长；随着相分离的进行，柱状的 dPMMA 富集相连接上下润湿层，由于毛细管压力的作用，润湿层厚度减小，dPMMA 富集相相尺寸增大，相间碰撞融合。

（3）晚期：随着 dPMMA 富集相相尺寸的增大，体系出现相反转，SAN 富集相被 dPMMA 富集相包围，在该阶段润湿层厚度变化很小。

2.6.3　基板性质对界面形态的影响

多孔材料制备过程中界面相分离形态的形成是组分对基板的选择性沉积和相分离过程共同作用的结果，因此基板性质对界面结构具有十分重要的影响。Bruder 等[51] 考察了氘代聚苯乙烯/溴化聚苯乙烯（dPS/PBrxS）共混薄膜在不同基板上淬冷过程中的旋节线相分离。在两相均不润湿的氧化硅基板上，没有观察到明显的富集层。而在铬基板上，PBrxS 形成了明显的润湿层，体系最终呈现双层结构。Luo 等[52] 研究了环氧树脂体系反应诱导相分离过程中的界面效应，通过调控材料本体相结构或者与不同基板接触均可改变材料的表面形貌。

Krausch 等[53] 考察了不同基板上 PEP/dPEP 共混薄膜的相形态。对于脱氧化处理的硅基板，薄膜为双层结构，一层是聚合物/真空界面上的 dPEP 富集相，一层是聚合物/基板界面上的 PEP 富集相。将硅表面进行疏水修饰后作为基板时，薄膜呈现出不同的相形态，聚合物/真空界面和聚合物/基板界面上均为 dPEP 富集相。这是基板表面与体系各组分的相互作用力改变的结果。

Zhou 等[54] 考察了超临界 CO_2 对 PMMA/PS 共混薄膜表面形态结构的影响，研究表明，共混薄膜表面与不同压力或温度的超临界 CO_2 接触会具有不同形态。对于聚合物体系，自由空间越大，玻璃转化温度越低。超临界 CO_2 的存在起到了熔融作用，使聚合物体系具有更多的自由空间，聚合物链运动需要克服的能量壁垒越小，因此在一定程度上改变了薄膜表面的形态结构。

参 考 文 献

[1] Flory P J. Principles of polymer chemistry [M]. New York：Cornell University Press，1953.

[2] Lestriez B，Chapel J，Gérard J. Gradient interphase between reactive epoxy and glassy thermoplastic from dissolution process，reaction kinetics，and phase separation thermodynamics [J]. Macromolecules，2001，34 (5)：1204 - 1213.

[3] Giannotti M I，Foresti M L，Mondragon I，et al. Reaction - induced phase separation in epoxy/polysulfone/poly (ether imide) systems. I. Phase diagrams [J]. Journal of Polymer Science Part B Polymer Physics，2004，42 (21)：3953 - 3963.

[4] Chen J L，Chang F C. Phase separation process in poly (ε - caprolactone) - epoxy blends [J]. Macromolecules，1999，32 (16)：5348 - 5356.

[5] Rutenberg A D. Theory of spinodal decomposition [J]. Physrevlett，1994，72 (12)：1850 - 1853.

[6] Lewis B. Migration and capture processes in heterogeneous nucleation and growth：I. Theory [J]. Surface Science，1970，21 (2)：273 - 288.

[7] Ohnaga T，Chen W，Inoue T. Structure development by reaction - induced phase separation in polymer mixtures：computer simulation of the spinodal decomposition under the non - isoquench depth [J]. Polymer，1994，35 (17)：3774 - 3781.

[8] Inoue T. Reaction - induced phase decomposition in polymer blends [J]. Progress in Polymer Science，1995，20 (1)：119 - 153.

[9] Tanaka H. Viscoelastic phase separation [J]. Journal of Physics Condensed Matter，2000，12 (15)：R207 - R264.

[10] Taniguchi T，Onuki A. Network domain structure in viscoelastic phase separation [J]. Physical Review Letters，1997，77 (24)：4910 - 4913.

[11] Siggia E D. Late stages of spinodal decomposition in binary mixtures [J]. Physreva，1979，20 (2)：595 - 605.

[12] Tanaka H，Araki T. Spontaneous double phase separation induced by rapid hydrodynamic coarsening in two - dimensional fluid mixtures [J]. Physical Review Letters，1998，81 (2)：389 - 392.

[13] Lifshitz I M，Slyozov V V. The kinetics of precipitation from supersaturated solid solutions [J]. Journal of Physics & Chemistry of Solids，1961，19 (1)：35 - 50.

[14] Binder K，Stauffer D. Theory for the slowing down of the relaxation and spinodal decomposition of binary mixtures [J]. Physical Review Letters，1974，7618 (33)：1006 - 1009.

[15] Yamanaka K，Takagi Y，Inoue T. Reaction - induced phase separation in rubber - modified epoxy

resins [J]. Polymer, 1989, 30 (10): 1839 – 1844.

[16] Tsujioka N, Ishizuka N, Tanaka N, et al. Well – controlled 3D skeletal epoxy – based monoliths obtained by polymerization induced phase separation [J]. Journal of Polymer Science Part A Polymer Chemistry, 2008, 46 (10): 3272 – 3281.

[17] Oyanguren P A, Galante M J, Andromaque K, et al. Development of bicontinuous morphologies in polysulfone – epoxy blends [J]. Polymer, 1999, 40 (19): 5249 – 5255.

[18] Lee B K, Kim S C. Morphology and properties of semi – IPNs of polyetherimide and bisphenol A dicyanate [J]. Polymers for Advanced Technologies, 1995, 6 (6): 402 – 412.

[19] Park J W, Kim S C. Phase separation during synthesis of polyetherimide/epoxy semi – IPNs [J]. Polymers for Advanced Technologies, 2015, 7 (4): 209 – 220.

[20] Peters E C, Frantisek Svec A, Fréchet J M J. Preparation of large – diameter "molded" porous polymer monoliths and the control of pore structure homogeneity [J]. Chemistry of Materials, 1997, 9 (8): 1898 – 1902.

[21] Yu S, Ma K C C, Mon A A, et al. Controlling porous properties of polymer monoliths synthesized by photoinitiated polymerization [J]. Polymer International, 2013, 62 (3): 406 – 410.

[22] Nischang I. Porous polymer monoliths: morphology, porous properties, polymer nanoscale gel structure and their impact on chromatographic performance [J]. Journal of Chromatography A, 2013, 1287 (8): 39 – 58.

[23] Yu S, Ng F L, Ma K C C, et al. Effect of porogenic solvent on the porous properties of polymer monoliths [J]. Journal of Applied Polymer Science, 2013, 127 (4): 2641 – 2647.

[24] Hosoya K, Hira N, Yamamoto K, et al. High – performance polymer based monolithic capillary column [J]. Analytical Chemistry, 2006, 78: 5729 – 5735.

[25] Kanamori K, Hasegawa J, Nakanishi K, et al. Facile synthesis of macroporous cross – linked methacrylate gels by atom transfer radical polymerization [J]. Macromolecules, 2008, 41 (41): 7186 – 7193.

[26] Kanamori K, Nakanishi K, Hanada T. Rigid macroporous poly (divinylbenzene) monoliths with a well – defined bicontinuous morphology prepared by living radical polymerization [J]. Advanced materials, 2006, 18, 2407 – 2411.

[27] Zhang R Y, Qi L, Xin P Y, et al. Preparation of macroporous monolith with three dimensional bicontinuous skeleton structure by atom transfer radical polymerization for HPLC [J]. Polymer, 2010, 51: 1703 – 1708.

[28] Kubo T, Tominaga Y, Yasuda K, et al. Spontaneous water cleanup using an epoxy – based polymer monolith [J]. Analytical Methods, 2010, 2 (5): 570 – 574.

[29] Li J H, Du Z J, Li H Q, et al. Porous epoxy monolith prepared via chemically induced phase separation [J]. Polymer, 2009, 50 (6): 1526 – 1532.

[30] Li J H, Du Z J, Li H Q, et al. Chemically induced phase separation in the preparation of porous epoxy monolith [J]. Journal of Polymer Science Part B Polymer Physics, 2010, 48 (20): 2140 – 2147.

[31] Gramespacher H, Meissner J. Melt elongation and recovery of polymer blends, morphology, and influence of interfacial tension [J]. Journal of Rheology, 1997, 41 (1): 27 – 44.

[32] Xie X M, Xiao T J, Zhang Z M, et al. Effect of interfacial tension on the formation of the gradient morphology in polymer blends [J]. J Colloid Interface Sci, 1998, 206 (1): 189 – 194.

[33] Kim H, Char K. Effect of phase separation on rheological properties during the isothermal curing of epoxy toughened with thermoplastic polymer [J]. Industrial & Engineering Chemistry Research,

2000，39（39）：955－959.

［34］ Kim B S，Chiba T，Inoue T. Morphology development via reaction－induced phase separation in epoxy/poly（ether sulfone）blends：morphology control using poly（ether sulfone）with functional end－groups［J］. Polymer，1995，36（1）：43－47.

［35］ García F G，Soares B G，Williams R J J. Poly（ethylene－co－vinyl acetate）－graft－poly（methyl methacrylate）（EVA－graft－PMMA）as a modifier of epoxy resins［J］. Polymer International，2002，51（12）：1340－1347.

［36］ Girard－Reydet E，Vicard V，Pascault J P，et al. Polyetherimide－modified epoxy networks：Influence of cure conditions on morphology and mechanical properties［J］. Journal of Applied Polymer Science，2015，65（12）：2433－2445.

［37］ Cho J B，Hwang J W，Cho K，et al. Effects of morphology on toughening of tetrafunctional epoxy resins with poly（ether imide）［J］. Polymer，1993，34（93）：4832－4836.

［38］ Martinez I，Martin M D，Eceiza A，et al. Phase separation in polysulfone－modified epoxy mixtures. Relationships between curing conditions，morphology and ultimate behavior［J］. Polymer，2000，41（3）：1027－1035.

［39］ Murata K，Sachin J，Etori H，et al. Photopolymerization－induced phase separation in binary blends of photocurable/linear polymers［J］. Polymer，2002，43（9）：2845－2859.

［40］ Meynie L，Habrard A，Fenouillot F，et al. Limitation of the coalescence of evolutive droplets by the use of copolymers in a thermoplastic/thermoset blend［J］. Macromolecular Materials & Engineering，2005，290（9）：906－911.

［41］ Pearson R A，Yee A F. The preparation and morphology of PPO－epoxy blends［J］. Journal of Applied Polymer Science，2010，48（6）：1051－1060.

［42］ Girard－Reydet E，Sautereau H，Pascault J P. Use of block copolymers to control the morphologies and properties of thermoplastic/thermoset blends［J］. Polymer，1999，40（40）：1677－1687.

［43］ Huo Y L，Jiang X L，Zhang H D，et al. Hydrodynamic effects on phase separation of binary mixtures with reversible chemical reaction［J］. Journal of Chemical Physics，2003，118（21）：9830－9837.

［44］ Sandifer J R，Chem A. Theory of interfacial potential differences：effects of adsorption onto hydrated（gel）and nonhydrated surfaces［J］. Analytical Chemistry，1988，60（15）：1553－1562.

［45］ Catherine P，Kheya S，Joerg S，et al. Microinterferometric study of the structure，interfacial potential，and viscoelastic properties of polyelectrolyte multilayer films on a planar substrate［J］. Journal of Physical Chemistry B，2004，108（22）：7196－7205.

［46］ Wiltzius P，Cumming A. Domain growth and wetting in polymer mixtures［J］. Physical Review Letters，1991，248（23）：3000－3003.

［47］ Krausch G，Dai C A，Kramer E J，et al. Real space observation of dynamic scaling in a critical polymer mixture［J］. Physical Review Letters，1993，71（22）：3669－3672.

［48］ Steiner U，Klein J. Growth of Wetting Layers from Liquid Mixtures［J］. Physical Review Letters，1996，77（12）：2526－2529.

［49］ Geoghegan M，Ermer H，Jungst G，et al. Wetting in a phase separating polymer blend film：quench depth dependence［J］. Physical Review E Statistical Physics Plasmas Fluids & Related Interdisciplinary Topics，2000，62（1）：940－950.

［50］ Wang H，Composto R J. Thin film polymer blends undergoing phase separation and wetting：Identification of early，intermediate，and late stages［J］. Journal of Chemical Physics，2000，113（22）：10386－10397.

［51］ Bruder F，Brenn R. Spinodal decomposition in thin films of a polymer blend ［J］. Physical Review Letters，1992，69 (4)：624 - 627.

［52］ Luo Y S，Cheng K C，Huang N D，et al. Preparation of porous crosslinked polymers with different surface morphologies via chemically induced phase separation ［J］. Journal of Polymer Science Part B Polymer Physics，2011，49 (14)：1022 - 1030.

［53］ Krausch G，Dai C A，Kramer E J，et al. Interference of spinodal waves in thin polymer films ［J］. Macromolecules，1993，26 (21)：5566 - 5571.

［54］ Zhou H，Fang J，Yang J C，et al. Effect of the supercritical CO_2 on surface structure of PMMA/PS blend thin films ［J］. Journal of Supercritical Fluids，2003，26 (2)：137 - 145.

第3章 反应诱导相分离法制备环氧树脂多孔材料

反应诱导相分离（Chemically induced phase separation）法是 20 世纪 80 年代首次被提出的一种聚合物物理改性方法，随后又逐渐被用于多孔材料的制备。与其他多孔材料的制备方法相比，反应诱导相分离法工艺简单易操作，材料结构规则可控。其过程可简单描述为：原本互溶的聚合物组分经过化学反应诱导发生分相，待体系固化后，再将致孔组分去除即得到聚合物多孔材料。致孔组分的不同造成了体系两相间相容性的差异，从而影响了体系的相分离速率。由于致孔组分的极性、氢键和黏度等因素的不同，导致了对体系反应速率产生不同的影响，因此致孔组分的选择对最终聚合物多孔材料的形貌具有决定性作用[1]。通常情况下，根据与聚合物组分间相容性的不同，致孔组分可分为不良溶剂和良溶剂。研究表明，不良溶剂可以加速体系相分离，生成较大尺寸的孔结构；与之相反，良溶剂将抑制体系相分离，生成较小尺寸的孔结构[2-3]。

3.1 环氧树脂体系反应诱导相分离动力学研究

在普通自由基聚合诱导的相分离中，由于在反应初期，便有高分子聚合物生成，因此极易形成颗粒堆积结构。该结构孔径大小及分布不易控制，且具有较低的机械强度，不利于形成较大尺寸的聚合物材料[4]。在逐步聚合诱导相分离中，聚合物链逐步增长且反应速率较小，抑制了微凝胶的形成，从而有利于生成双连续骨架结构。因此我们以 E-51 型环氧树脂（DGEBA）作为反应单体，4,4'-二氨基二环己基甲烷（DDCM）作为交联剂，利用逐步聚合诱导相分离法制备环氧树脂基质多孔（EP）材料。为了实现对相结构的有效调控，分别选择聚乙二醇 200（PEG200）和 N,N-二甲基甲酰胺（DMF）作为不良溶剂和良溶剂。

在反应诱导相分离中，随着反应和相分离的进行，相结构可能冻结在相分离过程中的任何一个阶段，从而生成具有不同形貌的多孔材料。掌握该过程中的反应动力学和相分离动力学，对多孔材料的制备至关重要，但目前该方面研究尚不完善。因此，我们围绕DGEBA/DDCM/P 和 DGEBA/DDCM/P-D 两个体系，系统研究了环氧树脂体系等温和非等温固化动力学，考察了体系固化过程中热焓与模量的变化规律。利用光学显微镜（OM）和扫描电镜（SEM）分别观察了不同相分离途径和最终形成的相结构。通过对DGEBA/DDCM/P 和 DGEBA/DDCM/P-D 两个体系准相图的构建，对体系相结构演化规律进行了阐释，为多孔材料的制备提供了理论依据。

3.1.1 固化动力学研究

固化行为的研究方法主要分为两类：①测量固化反应中消耗官能团和生成官能团的浓

度以及伴随反应所产生的热熔变化；②测量固化产物的网络形成对物理力学性能的影响。差示扫描量热法（DSC）通过热熔的变化来研究固化动力学，测试方便，能得到固化行为规律并且能定量描述反应速率[5-6]。流变测试则能反应固化体系黏度及结构的动态变化[7-8]。在本部分研究中，利用差示扫描量热法和流变测试，研究了 DGEBA/DDCM、72P 和 72P－D 3 个体系的等温和非等温固化动力学。所有体系的 DGEBA/DDCM 的质量比均为 3/1。对于纯环氧-胺反应体系，样品编码为 DGEBA/DDCM；对于致孔组分为 PEG200 的体系，经过优化，致孔组分质量分数分别取 60%、62%、64%、66%、68%、70%、72% 和 74%，对应样品编码为 60P、62P、64P、66P、68P、70P、72P 和 74P；对于致孔组分为 PEG200 和 DMF 混合物（PEG200/DMF，6/1，w/w）的体系，经过优化，致孔组分质量分数分别取 68%、70%、72%、74%、76%、78%、80% 和 82%，对应样品编码为 68P－D、70P－D、72P－D、74P－D、76P－D、78P－D、80P－D 和 82P－D。

3.1.1.1　非等温固化动力学分析

在环氧树脂和胺的固化反应中，环氧基团受到氨基进攻而开环，同时释放大量的反应热。用 DSC 可以准确地获取固化反应过程中释放的热量，从而得到体系反应动力学的相关信息。非等温固化动力学分析可以提供较宽温度范围内的固化动力学信息。图 3.1 给出了升温速率为 2.5℃/min、5℃/min、10℃/min 和 15℃/min 时，DGEBA/DDCM、72P 和 72P－D 3 个体系的热流-温度谱图。从图中可以看出，对于纯的环氧-胺反应体系（DGEBA/DDCM），所有的热流曲线上都只出现单一且比较对称的放热峰。对于含有致孔剂的环氧-胺反应体系（72P、72P－D），所有的热流曲线在后期出现拐点。在含有致孔剂的体系中，反应进行到一定程度后体系发生相分离，在分相过程中，反应组分发生富集，使得体系反应速率突然增大[9]。表现在热流-温度谱图上，即为热流的突然增大（热流曲线的拐点）。良溶剂的加入增大了两相之间的相容性，在一定程度上抑制了体系的相分离，因此在加入良溶剂的体系中（72P－D），由相分离造成的热流曲线拐点处的变化更为缓和。

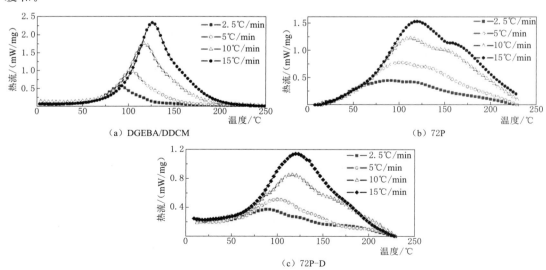

图 3.1　各升温速率下 DGEBA/DDCM、72P 和 72P－D 3 个体系的热流-温度谱图

表 3.1 给出了不同升温速率下 DGEBA/DDCM、72P 和 72P－D 3 个体系的峰顶温度 T_p 和拐点温度 T_i。随着升温速率 β 的升高，检测温度差增大，使得反应放热峰向高温方向迁移，因此 T_p 随着升温速率的增大而增大。相对于 72P 体系，加入良溶剂的 72P－D 体系峰顶温度 T_p 变化不大，但其拐点温度 T_i 增大。这是由于良溶剂的加入增大了反应组分与致孔组分的相容性，延缓了相分离。

表 3.1　　　　各升温速率下 DGEBA/DDCM、72P 和 72P－D 体系固化反应的
峰顶温度 T_p 和拐点温度 T_i

样　品	$\beta/(\text{℃/min})$							
	2.5		5		10		15	
	$T/\text{℃}$							
	T_p	T_i	T_p	T_i	T_p	T_i	T_p	T_i
DGEBA/DDCM	90.1	—	102.8	—	117.2	—	126.0	—
72P	87.7	104.1	100.8	124.9	111.2	137.3	120.3	152.7
72P－D	87.6	112.5	100.7	133.3	113.3	149.8	121.0	161.7

图 3.2 为 DGEBA/DDCM、72P 和 72P－D 3 个体系转化率 α 与时间 t 的关系，在反应起始阶段，α 增长缓慢，反应进行到一定程度后 α 增长迅速，反应后期又趋于缓慢，直

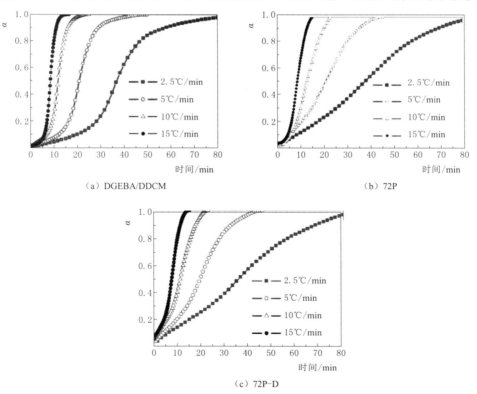

（a）DGEBA/DDCM　　　　　　　　　　（b）72P

（c）72P-D

图 3.2　不同升温速率下 DGEBA/DDCM、72P 和 72P－D 3 个体系
固化反应的转化率-时间曲线

至反应完全。提高升温速率会使转化率曲线变得陡峭，反应时间也大大缩短。在反应后期，α 的增长速率降低，这是因为随着反应的进行，体系中活性基团的浓度减小，降低了反应速率。同时体系玻璃化温度升高，黏度增大，从而影响了反应速率。

3.1.1.2 等温固化动力学分析

用等温 DSC 法研究环氧固化动力学，基本假设与非等温动力学的基本假设相同，即放热速率与反应速率成正比。图 3.3 分别给出了不同致孔剂用量下，DGEBA/DDCM/P 和 DGEBA/DDCM/P－D 两个体系等温固化反应的热流-时间曲线。从图中可以看出，体系反应速率在开始反应时（$t \rightarrow 0$）就达到最大值，这是 n 级非催化模型的基本特征，n 级模型是比较常用的一种描述环氧树脂等温固化反应动力学的唯象模型[10]。DGEBA/DDCM/P 和 DGEBA/DDCM/P－D 两个体系的反应速率均随着致孔剂量的增大而减小，这是由于致孔剂浓度增大对反应体系起到了稀释的作用，使得体系的反应速率降低。在图 3.3（b）中，致孔剂的量增至 84wt％时，体系反应速率非常缓慢，测试结果受到仪器噪声等干扰较大，无法检测到反应放热峰。相同致孔剂用量下，与 DGEBA/DDCM/P 体系的反应速率相比，DGEBA/DDCM/P－D 体系的反应速率小。这可能是由以下两方面原因造成的：①PEG200 中的羟基对反应有催化作用，且这种作用随羟基化合物浓度的增大而加大[11]；②在 DGEBA/DDCM/P 体系中，反应组分与致孔组分间的相容性较差，反应组分相互聚集以降低体系的吉布斯自由能，从而增大了反应速率。而含有 DMF 的体系，反应组分与致孔组分之间相容性良好，在一定程度上抑制了体系的聚集效应，降低了反应速率[9]。

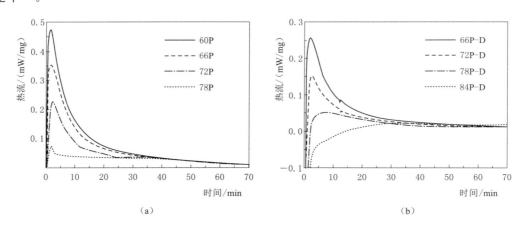

（a）　　　　　　　　　　　　　　　（b）

图 3.3　不同致孔剂浓度下 DGEBA/DDCM/P 和 DGEBA/DDCM/P－D 两个体系
80℃等温固化反应的热流-时间曲线

为了更清楚地了解固化过程，图 3.4 给出了 72P 体系 80℃恒温固化过程的动态模量变化，其中 G' 和 G'' 分别为弹性模量和黏性模量。模量随固化反应的进行而不断变化的过程，本质上就是体系从黏性流体经历液固转变、软固体到硬固体的过程。这里把整个固化过程分为Ⅰ、Ⅱ、Ⅲ、Ⅳ和Ⅴ 5 个区域，Ⅰ区主要是液体，表现为黏性流动行为，体系内部发生化学反应，只是不足以引起模量尤其是弹性模量 G' 的显著变化。Ⅱ区 G' 先下降后上升，这可能是由于体系相分离造成的 G' 局部扰动。在Ⅲ区中，弹性模量 G' 和黏性模

量 G'' 相交，在交点附近发生液固转变，此时环氧预聚物之间开始形成交联网络，G' 值随时间急剧上升，体系由黏性转变为黏弹性，样品呈凝胶状态。随着固化时间的延长，体系发生凝胶化，表现为 G' 值增大，在约 250s 的时间内，G' 值增大了近 3 个数量级，这是交联密度提高的结果。在Ⅳ和Ⅴ区中，G' 相对平缓上升表示样品已经从较软的状态（凝胶状态）向硬固态转变。反应后期由于样品硬度过大，旋转流变仪无法捕捉到稳定的信号，因此这里只检测到 3700s 之前的反应信号。

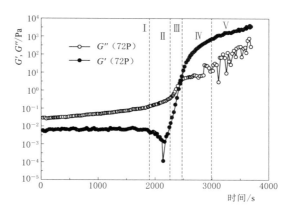

图 3.4　72P 体系 80℃恒温固化过程中 G 的分区图

在化学交联体系中，凝胶点定义为由高度支化的缩聚物过渡到体型缩聚物的转折点。凝胶化就是体系失去流动性的过程，凝胶点可粗略表示体系相分离的终止点。对于流变测试而言，固化反应 t 时刻对应的固化率 θ 可由下式表示[12]：

$$\theta = (G'_t - G'_0)/(G'_\infty - G'_0) \tag{3.1}$$

式中：G'_t 为时刻 t 的储能模量；G'_0 为未固化时的储能模量；G'_∞ 为完全固化后储能模量的最终值。

通常情况下 $G'_\infty \gg G'_0$，式（3.1）可以简化为

$$\theta = G'_t/G'_\infty \tag{3.2}$$

图 3.5 为 72P 与 72P-D 两个体系 80℃等温固化过程中 G 值和 θ 值同时间的关系，从图中可以看出 72P-D 体系凝胶化较晚，且固化速率较小。这主要是由两方面原因造成的：①72P-D 体系反应速率相对较小；②良溶剂对环氧缩聚物具有一定的溶胀作用，降低了体系模量。两个体系最终的固化率比较接近，说明虽然致孔组分的不同影响了体系的固化速率，但延长固化时间后最终两个体系可达到近似的固化率。

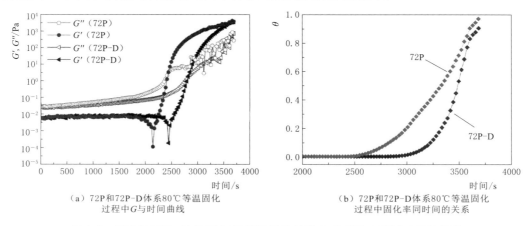

（a）72P 和 72P-D 体系 80℃等温固化　　　（b）72P 和 72P-D 体系 80℃等温固化
　　过程中 G 与时间曲线　　　　　　　　　过程中固化率同时间的关系

图 3.5　72P 与 72P-D 体系 80℃等温固化过程中 G 值和 θ 值同时间的关系

3.1.2 相分离动力学研究

在反应诱导相分离过程中，最终得到的相结构同时受到反应动力学和相分离动力学的影响。为了实现对相结构的有效调控，除了了解体系的反应动力学以外，还需要掌握体系的相分离动力学。在 DGEBA/DDCM/P（P－D）体系中，反应组分与致孔组分之间存在较大的动力学不对称性，属于黏弹性相分离[13]。黏弹性相分离动力学过程中存在一些特有的物理现象：①体系对外界条件的响应存在滞后性；②相分离中期高分子富集相倾向于形成连续相；③相分离后期溶剂分子逆着浓度梯度方向进行相间迁移，高分子富集相的体积随之减小；④相反转现象。

本部分工作围绕 DGEBA/DDCM/P（P－D）体系，利用光学显微镜（OM）和扫描电镜（SEM）分别观察了不同相分离途径和最终形成的相结构，就相分离过程对相结构的影响做了合理的阐述。对体系恒温固化过程中复合黏度的变化进行了实时检测，揭示了相结构演化与流变行为之间的关系。通过对 DGEBA/DDCM/P 和 DGEBA/DDCM/P－D 两个体系准相图的构建，对体系相结构演化规律进行了阐释。

3.1.2.1 相分离过程的实时跟踪

对于热固性树脂，固化过程是一种变化的状态，以快速反应的环氧树脂预聚物为核心，在体系中生成不均一的微凝胶体，微凝胶体逐步长大形成大凝胶体，最终形成三维交联网络结构[14]。图 3.6 分别给出了 72P 和 72P－D 两个体系 80℃等温固化过程中的浊点照片。从图中可以看出，在 72P 体系中［图 3.6（a）］，凝胶体首先在局部生成，然后向四周扩散，整个反应区域的凝胶化过程不同步；而在 72P－D 体系中［图 3.6（b）］，整个反应区域凝胶化过程几乎是同步的。说明良溶剂的加入有利于提高固化反应在空间上的同步性，有利于最终结构的均一性。

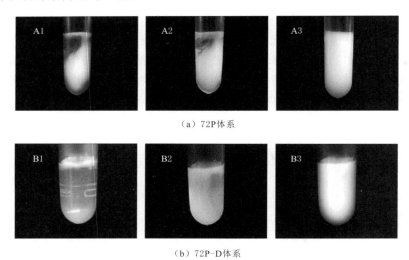

（a）72P体系

（b）72P-D体系

图 3.6 72P 和 72P－D 两个体系 80℃恒温固化过程中的浊点照片
A1—25min；A2—27min；A3—30min；B1—43min；B2—45min；B3—48min

图 3.7 为不同致孔剂浓度下 DGEBA/DDCM/P 和 DGEBA/DDCM/P－D 两个体系 80℃下得到的相结构电镜图。随着致孔剂量的增大，两个体系相结构的变化依次为闭孔结

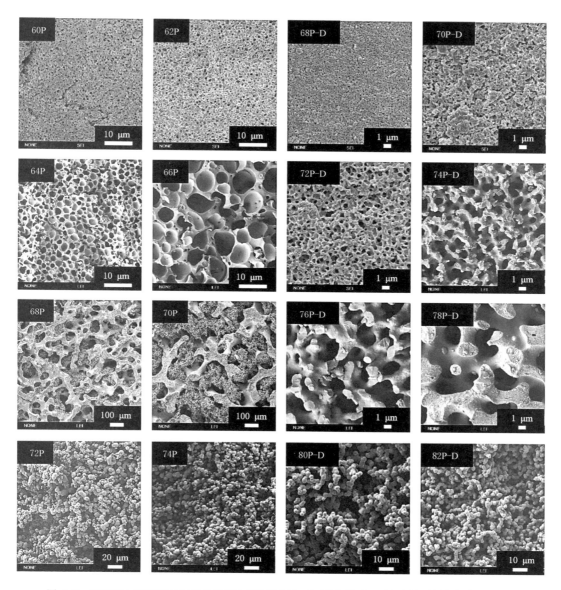

图 3.7　DGEBA/DDCM/P 和 DGEBA/DDCM/P－D 两个体系 80℃下得到的相结构电镜图

60～82—致孔剂的质量浓度百分数＊100；P—致孔剂为 PEG200；

P－D—致孔剂为 PEG200 与 DMF 混合物，6/1，w/w

构、双连续结构和颗粒堆积结构。不同的是在 DGEBA/DDCM/P 体系中，当致孔组分用量达到 68wt％时，即呈双连续结构；而在 DGEBA/DDCM/P－D 体系中，致孔组分用量需达到 74wt％。而且就双连续结构而言，DGEBA/DDCM/P 体系的相结构尺寸远远大于 DGEBA/DDCM/P－D 体系的相结构尺寸，说明前者相分离程度远远大于后者。良溶剂的加入增大了体系两相间的相容性，从而抑制了相分离，使得最终相结构冻结在相分离早期阶段。此外，在 68P 和 70P 两个体系的双连续结构中，骨架和孔道中分别存在颗粒结构和闭孔结构，这是由二次相分离所产生的。较高的界面吉布斯自由能使相结构尺寸快速增长，因此在相分离初期就出现了较大尺寸的双连续结构，此时体系的扩散速度不足以使局部浓度达到平衡，因此体系局部处于亚稳态或者不稳态，从而诱发二次相分离[15]。

图 3.8 描述了 DGEBA/DDCM/P 和 DGEBA/DDCM/P－D 两个体系的浊点 t_{cloud} 和凝胶点 t_{gel} 随致孔剂量的变化情况。浊点为溶液由澄清变浑浊的时间点，可粗略表示相分离的起始点，对应于相图中的双节线，但对于黏弹性相分离而言，体系对外界条件的响应存在滞后性，因此实际双节线在时间上早于由浊点组成的双节线[16-17]。凝胶点为由高度支化的缩聚物过渡到体型缩聚物的转折点，凝胶化就是体系失去流动性的过程，凝胶点可粗略表示体系相分离的终止点[113]。从图中可以看出 DGEBA/DDCM/P－D 体系浊点和凝胶点出现的时间均晚于 DGEBA/DDCM/P 体系，说明 DGEBA/DDCM/P－D 体系相分离起始和相结构冻结均晚于 DGEBA/DDCM/P 体系。良溶剂的加入增大了两相间的相容性，抑制了体系相分离的发生，从而

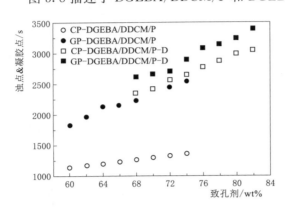

图 3.8　DGEBA/DDCM/P 和 DGEBA/DDCM/P－D 两个体系 80℃等温固化过程中的浊点和凝胶点随致孔剂量的变化情况

使得 DGEBA/DDCM/P－D 体系相分离起始晚于 DGEBA/DDCM/P－D 体系。体系凝胶点主要受反应速率的影响，DGEBA/DDCM/P－D 体系的反应速率相对较小，因此相结构冻结相对较晚。此外，良溶剂的加入对聚合物分子链所产生的溶胀作用也抑制了相结构冻结。浊点与凝胶点之间的时间差即为相分离时间，从图中可以发现 DGEBA/DDCM/P 体系的相分离时间相对较长，这也是 DGEBA/DDCM/P 体系相结构尺寸相对较大的原因之一。

通过光镜对体系相结构演化进行实时跟踪，可以对黏弹性相分离过程有更为直观的了解。这里选择对具有代表性的 64P、68P、72P 和 78P－D 4 个体系的相分离过程进行实时跟踪。图 3.9 给出了 64P 体系 80℃等温固化过程中相结构演化过程的光镜图和示意图。从图中可以看出该体系的相分离过程遵循核生长机理，相分离初期体系中出现致孔剂富集相（根据最终相结构电镜图判断为致孔剂富集相）的小粒子，并分散在环氧基体中［图 3.9 (a)、(b)］。随着两相浓度逐渐向平衡浓度过渡，致孔剂分子逆着浓度梯度方向进行

（a）1320s　　　　（b）1380s　　　　（c）1440s　　　　（d）1720s

图 3.9　64P 体系 80℃等温条件下相结构演化光镜图和示意图

（浅灰代表环氧富集相；白色代表致孔剂富集相）

相间迁移，致孔组分富集相体积逐渐增大［图 3.9（c）、（d）］，最终形成孔径为 $2\sim3\mu m$ 的闭孔结构（图 3.7 的 64P）。

图 3.10 是 68P 体系 80℃下相分离过程的光镜图和示意图。相分离初期，体系按旋节线降解机理形成双连续结构［图 3.10（a）］，但是该结构很快被不断增加的界面张力打破，形成致孔剂富集相小液滴，这些小液滴迅速合并长大，形成椭球形的致孔剂富集相大液滴，这些大液滴之间相互连接逐步形成连续相，实现相反转，最终生成双连续结构（图 3.7 的 68P）。该过程同时伴随着核生长相分离，由于较高的界面吉布斯自由能使相结构尺寸快速增长，体系的扩散速度不足以使局部浓度达到平衡，使体系局部处于亚稳态或者不稳态，从而诱发二次相分离，即在致孔剂富集相和环氧富集相中分别生成了环氧粒子和致孔剂小液滴。

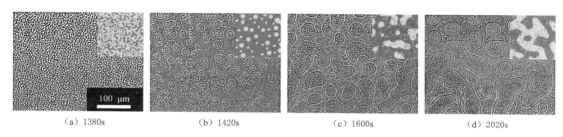

| （a）1380s | （b）1420s | （c）1600s | （d）2020s |

图 3.10　68P 体系 80℃等温条件下相结构演化光镜图和示意图

图 3.11 为 78P-D 体系 80℃等温条件下相结构演化光镜图和示意图。从图中可以看出，相分离初期，体系出现微双连续相，随后两相尺寸逐渐增长，最终形成 $5\mu m$ 左右的双连续结构（图 3.7 的 78P-D），该过程也属于旋节线相分离。与 68P 体系相比，78P-D 体系的相结构尺寸较小，且后期没有出现二次相分离。对于反应诱导相分离中的旋节线相分离而言，相结构演化的一般流程如图 3.12 所示，路径 1 为 a→b→c→e：相分离初期，均相共混物形成双连续结构，随着固化反应的进行，相区粗大化，相结构尺寸增加。由于不断增大的界面张力的作用，其中一相的连续性被打破，形成相互分离的液滴状结构。为了进一步降低界面自由能，这些液滴之间不断碰撞融合，再次形成连续相，实现相反转。路径 2 为 a→d→e：相分离初期形成的双连续结构随着固化反应进一步增大，这里不断增大的界面张力不足以打破其中一相的连续性，因此体系始终保持双连续结构。显而易见，68P 体系对应于路径 1，而 78P-D 体系对应于路径 2，前者所获得的相结构尺寸远远大于后者。在 68P 体系中，致孔组分与反应组分间相容性较差，因此在相分离初期形成双连续结构时产生的界面张力较大，从而将双连续结构打破，形成相对稳定的球状结构。在不

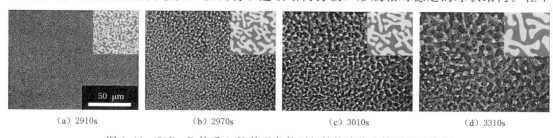

| （a）2910s | （b）2970s | （c）3010s | （d）3310s |

图 3.11　78P-D 体系 80℃等温条件下相结构演化光镜图和示意图

断增加的界面张力的驱使下，致孔剂富集相之间发生融合，最终实现相反转。而在 78P－D 体系中，由于良溶剂的存在，增大了两相相容性，降低了界面张力，使得双连续结构能够稳定演化。

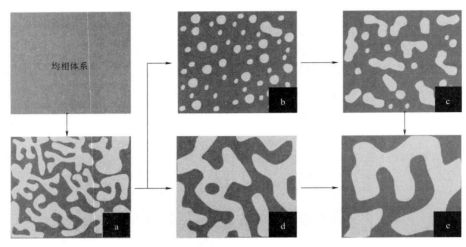

图 3.12 旋节线相分离过程中相结构演化示意图

图 3.13 为 72P 体系的相分离过程。在相分离初期出现球形的环氧富集相粒子并分散在致孔剂富集连续相中［图 3.13（a）］，随着固化反应的进行，环氧富集相粒子逐渐增大［图 3.13（b）］。在相分离后期，粒子间发生融合［图 3.13（c）、（d）］，最终形成分散的 2～7μm 的环氧颗粒（图 3.7 的 72P）。

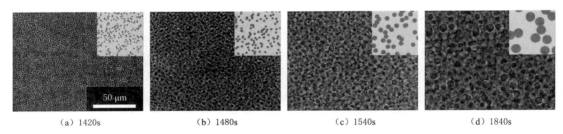

（a）1420s　　　　　（b）1480s　　　　　（c）1540s　　　　　（d）1840s

图 3.13 72P 体系 80℃等温条件下相结构演化光镜图和示意图

3.1.2.2 相分离过程的动态流变行为研究

体系的流变行为与其相结构紧密相关，对流变行为的研究可以为相结构演化过程提供间接证据。在本部分内容中，分别对 DGEBA/DDCM、64P、68P 和 72P 4 个体系 80℃下恒温固化过程中的复合黏度变化进行了跟踪，图 3.14 给出了 4 个体系复合黏度的变化情况。对于纯反应体系，在经历很短的一段稳定期后，体系黏度随着凝胶化的发生迅速增大。而含有致孔组分体系的反应速率较小，因此经历的稳定期时间较长，且稳定期的时间随着致孔剂含量的增大而延长。此外，由于相分离现象的存在，在含有致孔组分的体系中，复合黏度的变化更为复杂。例如在 68P 体系中，复合黏度在上升阶段出现了平台期（1300s 左右），即黏度增长趋势有所缓和，一直到 1500s 左右，体系黏度才出现第二次急剧上升。相分离初期由于环氧富集相形成连续相，体系黏度开始升高，在相分离中期致孔剂富集相以分散相的形式快速增大，使得体系黏度增加变缓，后期致孔剂富集相尺寸变化缓慢，此时环氧富集相的凝胶化使体系黏度出现二次急剧上升。与 68P 体系黏度变化相似，64P 体系黏度变化也经历了平台期，只是持续时间相对较短，这是由于在 64P 体系中，尽管也存在致孔剂富集相以分散相的形式增大，但是其持续时间短，且最终形成的致孔剂富集相的尺寸小，因此对体系黏度的影响较小。在 72P 体系中，复合黏度增长缓慢，且没有出现明显的平台期。相分离初期环氧富集相粒子形成并分散在致孔富集相连续相中，

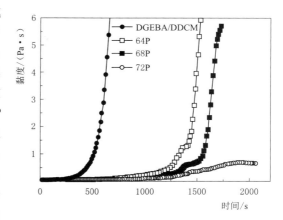

图 3.14　DGEBA/DDCM 体系和具有不同致孔剂浓度的 DGEBA/DDCM/P 体系在 80℃下等温固化过程中复合黏度随时间的变化情况

其对体系黏度的影响很小，随着环氧富集相粒子尺寸的逐步增大，体系黏度随之缓慢增大。虽然 72P 体系和 64P 体系均为核生长相分离，但前者连续相为致孔剂富集相，后者连续相为环氧富集相，这就造成了两者流变学行为的巨大差异。不同的体系对应的复合黏度变化情况不同，主要与相分离过程有关。因此，通过对体系复合黏度的实时跟踪可以对体系相分离过程进行更深入的了解。

3.1.3　相图

相图可以直观描述体系各组成下的相分离行为，以及最终生成的相结构形态。同时，相图也有助于分析不同体系的相结构演化规律。在反应诱导相分离中，根据不同致孔剂浓度下体系相结构的演化过程，可以绘制出体系准相图[18]。为了简化讨论，需要设定两个假设：

（1）发生相分离的体系是一个三元或四元体系，包括反应组分中的 DGEBA、DDCM 和致孔组分中的 PEG200 或 PEG200 与 DMF 的混合物。在本实验中，假定体系是一个准二元体系，反应组分作为一个独立组分，而致孔组分作为另外一个独立组分，当固化反应进行时，体系成为一个真正的二元体系。

（2）在准二元相图中，纵坐标为固化时间，横坐标为致孔组分质量浓度。

相图中的双节线是由浊点组成，浊点以溶液从清变浊的过程作为相分离开始的判断依据，但对于黏弹性相分离而言，体系对外界条件的响应存在滞后性非常明显，所以实际双节线在时间上早于由浊点组成的双节线。凝胶点是高度支化的缩聚物过渡到体型缩聚物的转折点，它的主要特征在于溶液失去了流动性，因此把凝胶点粗略的作为体系相分离的终止点。根据 DGEBA/DDCM/P（DGEBA/DDCM＝3.0）和 DGEBA/DDCM/P - D（DGE-BA/DDCM＝3.0、PEG200/DMF＝6.0）两个体系不同致孔剂浓度下浊点和凝胶点的测定结果（图 3.8），结合体系相结构的演化过程及最终得到的相结构形貌，绘制出了两个体系的准相图（图 3.15）。通常情况下，当体系点位于旋节线内部时，相分离过程遵循旋

节线机理，当体系点位于旋节线和双节线之间时，相分离过程遵循核生长相分离，前者多生成双连续结构，后者多生成一相分散在另一相中的闭孔结构或颗粒堆积结构。考虑到部分相反转现象，当体系点位于旋节线内部的边缘区域时也可能生成一相分散在另一相中的闭孔结构或颗粒堆积结构。因此出现了图 3.15 中的情况，Ⅰ区为闭孔结构、Ⅱ区为双连续结构、Ⅲ区为颗粒堆积结构。随着致孔组分浓度的增大，体系点依次经过Ⅰ、Ⅱ和Ⅲ，最终得到的相结构按照闭孔结构、双连续结构和颗粒堆积结构的顺序依次变化。相对于 DGEBA/DDCM/P 体系，DGEBA/DDCM/P–D 体系的旋节线向双节线靠拢，旋节线内部空间增大，按照旋节线机理进行相分离的体系点增多，生成双连续结构的Ⅱ区域增大，因此良溶剂的加入使得获得双连续结构的致孔剂浓度范围增大。此外，DGEBA/DDCM/P–D 体系的旋节线和双结线向右下方移动，一方面相曲线向右移动使得原来部分颗粒堆积结构的区域变成了双连续结构的区域；而原来双连续结构的部分区域变成了闭孔结构的区域，所以随着良溶剂的加入，EP 材料相结构变化依次为颗粒堆积结构、双连续结构和闭孔结构。另一方面曲线向下移动使得该体系的相分离时间缩短，这是加入良溶剂后双连续结构孔径减小的重要原因之一。

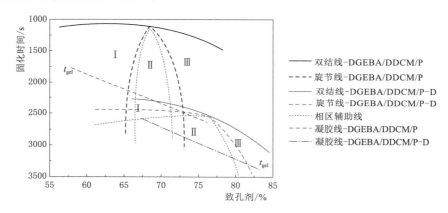

图 3.15　80℃下 DGEBA/DDCM/P（其中 DGEBA/DDCM＝3.0）和 DGEBA/DDCM/P–D（其中 DGEBA/DDCM＝3.0、PEG200/DMF＝6.0）两个体系的准相图

3.1.4　小结

我们以 DGEBA/DDCM/P 和 DGEBA/DDCM/P–D 两个体系为研究对象，系统研究了环氧树脂体系等温和非等温固化动力学，考察了体系固化过程中热熵与模量的变化规律。利用光学显微镜（OM）和扫描电镜（SEM）分别观察了不同相分离途径和最终形成的相结构。通过对 DGEBA/DDCM/P 和 DGEBA/DDCM/P–D 两个体系准相图的构建，对体系相结构演化规律进行了阐释，为材料结构的有效调控提供了理论依据。主要结论如下：

（1）结合差示扫描量热法和流变测试研究了 DGEBA/DDCM、72P 和 72P–D 3 个体系的等温和非等温固化动力学。非等温固化动力学结果表明纯反应体系热流-温度曲线为对称单峰，而加入致孔剂的体系热流-温度曲线在后期出现拐点，这是由相分离所致。相对于 72P 体系，加入良溶剂的 72P–D 体系拐点温度 T_i 增大，这是由于良溶剂的加入改善了体系两相间的相容性，从而延缓了相分离。等温固化动力学结果表明 72P 体系的反应速率和固化速率均大于 72P - D 体系。

（2）通过对体系浊点现象的观察发现，良溶剂的加入有利于提高固化反应在空间上的同步性，有利于结构的均一性。对比 DGEBA/DDCM/P 和 DGEBA/DDCM/P - D 两个体系不同致孔剂浓度下得到的相结构形貌以及浊点 t_{cloud} 和凝胶点 t_{gel}，可以发现前者的相结构尺寸远远大于后者，而且无论是 t_{cloud} 还是 t_{gel}，前者均小于后者。对具有代表性的 64P、68P、72P 和 78P - D 4 个体系进行相分离过程的实时跟踪发现，68P 和 78P - D 两个体系均遵循旋节线降解机理，但两个体系相分离途径存在较大差异，这主要是由两个体系界面张力的差异造成的。

（3）对 DGEBA/DDCM、64P、68P 和 72P 4 个体系 80℃ 下恒温固化过程中的复合黏度变化的跟踪结果显示，体系流变行为与相结构演化存在对应关系，不同体系由于相分离过程存在差异，复合黏度的变化情况不同。

（4）通过对 DGEBA/DDCM/P 和 DGEBA/DDCM/P - D 两个体系准相图的构建，分析了两个体系的相结构演化规律。随着良溶剂的加入，材料相结构的演化依次为颗粒堆积结构、双连续结构和闭孔结构。

3.2　反应诱导相分离中关键因素影响机制研究

反应诱导相分离不同于一般的热致相分离过程，体系的淬冷深度与淬冷速度随化学反应不断发生变化，因此该过程中的相分离行为与热诱导相分离行为存在很大的不同。反应诱导相分离的这种复杂性在增加研究难度的同时，也为我们提供了更多的相结构调控手段。在反应诱导相分离中，相结构的形成是热力学（体系组成、分子量、相容性等）与动力学（反应动力学与相分离动力学）共同作用的结果[19]。随着反应的进行，不断增加的聚合物分子量提供了相分离热力学上的推动力；同时，反应的进行使得体系的玻璃化温度和黏度不断增加，两相组分的扩散能力下降，对相分离产生动力学上的阻碍作用。控制相分离的热力学和动力学因素，使其达到一个合理的平衡是调控材料结构的关键。在多孔材料的制备过程中，明确关键因素对反应诱导相分离过程及材料形貌的影响规律和机制，对多孔材料结构的有效调控具有重要的指导意义，但目前该方面研究尚未形成统一。

在环氧树脂体系反应诱导相分离过程中，体系分相由环氧的固化反应引发，相分离和凝胶化同时进行，两者之间竞争结果的不同，导致最终 EP 材料形貌的差异。通常情况下存在以下 3 种结构：闭孔结构、双连续结构和颗粒堆积结构。为了得到三维双连续结构，其他两种结构应当避免。通过改变不良溶剂浓度、不良溶剂分子量、良溶剂种类和浓度、单体与交联剂的质量比和反应温度等关键因素来改变体系的相分离和凝胶化过程，从而可以实现对 EP 材料形貌的有效调控。除此之外，我们还讨论了环氧树脂体系反应诱导相分离过程中的反应动力学和相分离动力学。本章将继续围绕环氧树脂体系，就关键因素（致孔剂浓度、不良溶剂分子量、良溶剂种类和浓度、单体与交联剂的质量比和温度）对反应诱导相分离过程及材料形貌的影响规律进行系统研究，并结合相图对其影响机制进行阐释。

在 DGEBA/DDCM/P（P - D）体系中，相分离由环氧的固化反应引发，相分离和凝胶化同时进行，两者之间竞争结果的不同导致最终 EP 材料形貌的差异。通常情况下存在上述的 3 种结构，通过改变能够影响反应诱导相分离的关键因素来改变体系的相分离和凝胶化过程，继而调控 EP 材料的形貌。为得到三维双连续结构，其他两种结构应当避免，这需要我们掌握各个关键因素的影响规律从而达到调控的目的，并结合相图对其影响机制进行了阐释。

3.2.1 致孔剂浓度的影响

保持单体与交联剂的质量比（$A=3.00$）和固化温度（$T=80℃$）不变，改变致孔组分与反应组分的质量比 B，考察致孔组分浓度对相结构形貌的影响，其中致孔组分为 PEG200。图 3.16 为不同 B 值下 EP 材料相结构电镜图。从图中可以看出随着致孔剂浓度的增大，EP 材料相结构的变化依次是闭孔结构、双连续结构和颗粒堆积结构，同时双连续结构的孔径随致孔剂浓度的增大而增大。

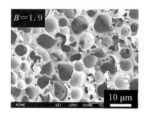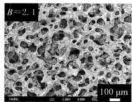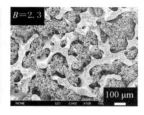

图 3.16　不同 B 值下 EP 材料相结构电镜图
（$A=3.0$，$T=80℃$）

图 3.17 是不同 B 值下热流-时间曲线图及浊点和凝胶点的变化情况。随着致孔剂浓度的增大，反应速率降低，体系浊点和凝胶点延迟。致孔剂浓度的增大对反应体系起到了稀释的作用，使得体系的反应速率降低。在反应诱导相分离过程中，浊点的出现主要受到以下几种因素的影响：首先是反应速率，只有当聚合物分子链足够长时，反应组分与致孔组分相容性足够小，体系浊点才会出现，即反应速率越大，越有利于体系浊点的出现。其次是致孔组分与反应组分之间的相容性，良好的相容性可以抑制相分离，而较差的相容性可促进相分离。由于致孔组分与反应组分间的相容性不受致孔剂浓度的影响，因此影响浊

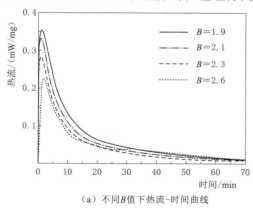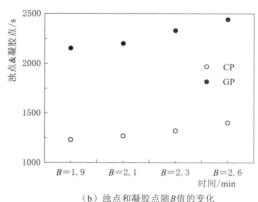

（a）不同 B 值下热流-时间曲线　　（b）浊点和凝胶点随 B 值的变化

图 3.17　不同 B 值下热流-时间曲线图及浊点和凝胶点的变化情况
（$A=3.0$，$T=80℃$）

点出现的主要因素是反应速率。此外，反应速率也是影响体系凝胶点的主要因素。因此致孔剂浓度的增大在降低体系反应速率的同时，也延迟了体系的浊点和凝胶点。较大的致孔剂浓度有利于致孔剂富集相间的融合，因此就双连续结构而言，当致孔剂用量增大时，EP 材料的孔径增大。

下面结合相图阐释 EP 材料相结构随 B 值的变化情况。图 3.18 是 DGEBA/DDCM/P 体系（$A = 3.0$，$T = 80℃$）的准相图。从图中可以看出，随着致孔剂浓度的增大，体系点依次经过 Ⅰ、Ⅱ 和 Ⅲ，使最终得到的 EP 材料相结构按照闭孔结构、双连续结构和颗粒堆积结构的顺序依次变化，与实验结果一致。致孔剂浓度的变化改变了体系的热力学状态，即改变了体系点在相图中的位置，从而影响了体系相分离途径，导致最终相结构的不同。

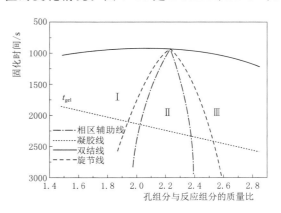

图 3.18　DGEBA/DDCM/P 体系等温固化准相图
（$A = 3.0$，$T = 80℃$）

Ⅰ—闭孔结构；Ⅱ—双连续结构；Ⅲ—颗粒堆积结构

3.2.2　不良溶剂分子量的影响

保持单体与交联剂的质量比（$A = 3.00$）、致孔组分与反应组分的质量比（$B = 2.3$）和固化温度（$T = 80℃$）不变，致孔组分分别选用为 PEG150、PEG200、PEG300 和 PEG400 进行实验，考察致孔剂分子量对 EP 材料结构的影响。如图 3.19 所示，当选用 PEG200 和 PEG300 作为致孔剂时，最终 EP 材料的结构是双连续结构，且随着 PEG 分子量的增大，双连续结构尺寸减小。PEG150 和 PEG400 作为致孔剂得到的 EP 材料结构分别为颗粒堆积结构和闭孔结构。

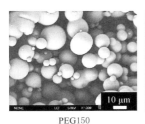
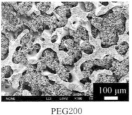
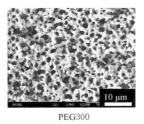
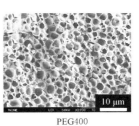

PEG150　　　　　　　PEG200　　　　　　　PEG300　　　　　　　PEG400

图 3.19　PEG 分子量分别取 150、200、300 和 400 时的 EP 材料相结构电镜图
（$A = 3.0$，$B = 2.3$，$T = 80℃$）

图 3.20 是 PEG 取不同分子量时体系热流-时间曲线图及浊点和凝胶点的变化情况。随着 PEG 分子量的增大，反应速率降低，体系浊点和凝胶点延迟。PEG 分子量越大，PEG 黏度越大 [图 3.20（c）]。对于以较高分子量 PEG 作为致孔剂的体系，反应分子受到的运动阻力较大，因而反应速率较小[20]。体系浊点的延迟一方面是由于体系黏度的增大，另一方面是由于反应速率的减小。而体系凝胶点的延迟主要是因为反应速率的降低。高分子量的 PEG 黏度较大，使得两相组分的扩散能力下降，相分离速率减小，因此 EP

材料相结构固定在相分离的早期阶段（图 3.21）。就双连续结构而言，PEG 分子量越大，体系黏度越大，EP 材料的孔径越小。

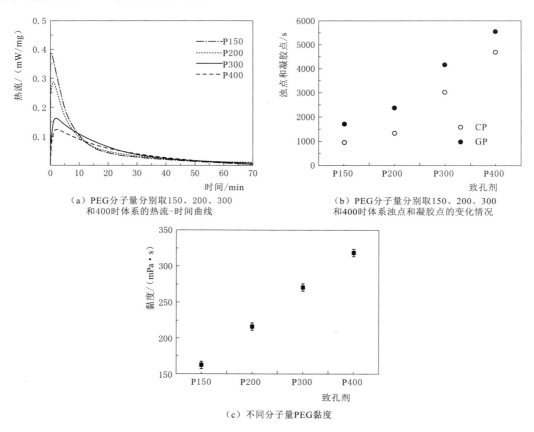

（a）PEG分子量分别取150、200、300
和400时体系的热流-时间曲线

（b）PEG分子量分别取150、200、300
和400时体系浊点和凝胶点的变化情况

（c）不同分子量PEG黏度

图 3.20　不同 PEG 分子量时体系的热流-时间曲线和
浊点与凝胶点的变化情况以及不同 PEG 黏度
（$A=3.0$，$B=2.3$，$T=80℃$）

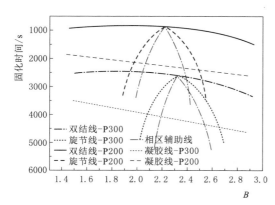

图 3.21　PEG 分子量取 200 和 300 时体系
等温固化准相图
（$A=3.0$，$T=80℃$）

3.2.3　良溶剂种类和浓度的影响

通常情况下，根据致孔剂与聚合物分子链间的相容性不同，致孔剂溶剂分为良溶剂和不良溶剂。良溶剂的加入增加了聚合物分子链与致孔剂间的相容性，从而减缓了相分离速度[21]。通常情况下，溶解度参数可以表征聚合物分子之间的内聚力，因此可以评价聚合物共混物之间的相容性，但当聚合物分子具有很强的极性或能形成氢键时，溶解度参数不再适用。在反应诱导相分离过程中，需要评价聚合物与溶剂之间的相容性，其中溶剂均具有较强的极性，因此不适宜用溶解度参数作为本体系相容性的评判标准。这里，根据 EP 材料在不同溶剂中的溶胀度来表征溶剂与 EP 材料间的相容性。表 3.2 列出了 5 种溶剂对聚合物材料的溶胀度，可以看出与聚合物相容性从大到小依次为 1,4-二氧六环、环己酮、DMF、DMSO 和 PEG200。

表 3.2　　　　　　　　　　　各 溶 剂 的 特 性 参 数

溶剂	1,4-二氧六环	DMF	环己酮	DMSO	PEG200
膨胀度/%	35±1	30±1	28±1	25±1	0

图 3.22 为不同种类良溶剂得到的 EP 材料相结构电镜图，从图中可以看出不同种类良溶剂制备得到的 EP 材料相结构差别很大。以 DMSO 作为良溶剂，最终得到的 EP 材料呈颗粒堆积结构；以 1,4-二氧六环作为良溶剂，EP 材料为闭孔结构；以 DMF 和环己酮作为良溶剂，EP 材料为不同孔径的双连续结构。

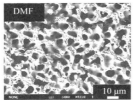

图 3.22　不同种类良溶剂制备的 EP 材料相结构电镜图
($A=3.0$，$B=3.0$，$C=6.0$，$T=80℃$)

图 3.23 是不同种类良溶剂体系中热流-时间曲线和浊点及凝胶点变化情况。反应速率从大到小依次是以 1,4-二氧六环、DMSO、DMF 和环己酮作为良溶剂的体系，这与良溶剂性质有关。酮类化合物可与胺在室温下发生反应（式 3.3），此反应随着温度的升高，反应速率增大。

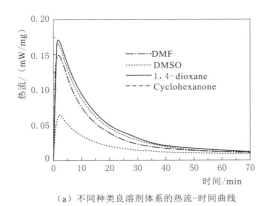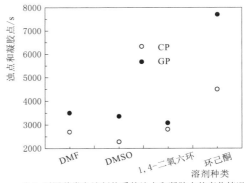

（a）不同种类良溶剂体系的热流-时间曲线　　　（b）不同种类良溶剂体系的浊点和凝胶点的变化情况

图 3.23　不同种类良溶剂体系的热流-时间曲线与浊点和凝胶点的变化情况
($A=3.0$，$B=3.0$，$C=6.0$，$T=80℃$)

$$\diagdown C = O + H_2N-R \longrightarrow [\overset{\text{H}}{\underset{\text{OH}}{\diagdown C - N - R}}] \overset{H_2O}{\longrightarrow} \diagdown C = N-R \qquad (3.3)$$

反应式（3.3）是不稳定的可逆反应[22]。在反应的早期阶段，较高的胺浓度使得该可逆反应向着生成酮亚胺的方向进行。随着固化反应的进行，胺浓度减小，使得反应向着生成胺的方向进行。环己酮的存在大大降低了初始阶段固化反应的反应速率，因此以环己酮作为良溶剂的体系反应速率最小。以环己酮作为良溶剂的体系的浊点出现得最晚，这是因为环己酮的存在抑制了分子链的增长，从而抑制了体系浊点的出现。对于其他几个体系，致孔剂与聚合物之间相容性的不同导致了浊点出现的时间不同，随着相容性的增大，浊点被不同程度地延迟。凝胶点主要受反应速率的影响，这里体系凝胶点按照其反应速率从大到小的顺序依次出现。良溶剂的加入在改善两相相容性的同时，也影响了体系反应的速率。就 EP 材料相结构而言，前者发挥了更大的作用。随着良溶剂溶胀度的增大，EP 材料相结构演化依次为颗粒堆积结构、双连续结构和闭孔结构。其中双连续结构的孔径随着良溶剂溶胀度的增大而减小。

良溶剂起到改善反应组分与致孔剂组分间相容性的作用，良溶剂浓度对于 EP 材料相结构的调控具有重要作用。保持单体与交联剂的质量比（$A=3.0$）、致孔组分与反应组分的质量比（$B=2.6$）和固化温度（$T=80℃$）不变，改变不良溶剂与良溶剂质量比 C，考察致孔组分中良溶剂浓度对相结构形貌的影响。图 3.24 是不同 C 值下 EP 材料相结构电镜图，从图中可以看出，随着致孔组分中良溶剂浓度的增大，EP 材料相结构变化依次为颗粒堆积结构、双连续结构和闭孔结构，其中双连续结构的尺寸随良溶剂浓度的增大而减小。

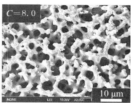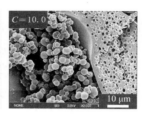

图 3.24 不同 C 值下 EP 材料相结构电镜图
（$A=3.0$，$B=2.6$，$T=80℃$）

图 3.25 是不同 C 值下体系热流-时间曲线图及浊点和凝胶点的变化情况。随着致孔组分中，良溶剂浓度的增大，反应速率减小，体系浊点和凝胶点延迟。致孔组分中良溶剂浓度对反应速率的影响可能是由以下两方面原因造成的：①致孔组分中良溶剂浓度越高，致孔组分中 PEG200 含量越少，而 PEG200 中的羟基对环氧与胺的反应有催化作用，且这种作用随羟基化合物浓度的增大而加大；②致孔组分中良溶剂浓度越高，体系两相间的相容性越好，反应组分间的富集效应越差，从而使反应速率降低。体系浊点出现的早晚是由两相相容性决定的，致孔组分中良溶剂浓度越高，反应组分与致孔组分间的相容性越好，抑制了体系相分离的发生，从而使体系浊点延迟。受反应速率的影响，体系凝胶点随致孔组分中良溶剂浓度的增大而延迟。致孔组分中良溶剂浓度的增大，增大了反应组分与致孔组分间的相容性，抑制了体系的相分离，使最终相结构冻结在相分离早期阶段。因此随着

良溶剂浓度的增大，双连续结构的孔径减小。

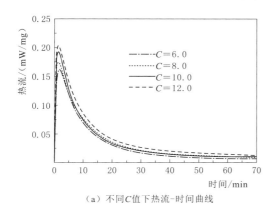

（a）不同 C 值下热流-时间曲线

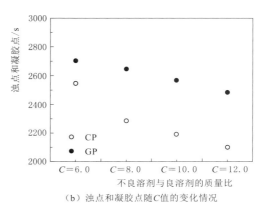

（b）浊点和凝胶点随 C 值的变化情况

图 3.25　不同 C 值下热流-时间曲线和浊点和凝胶点随 C 值的变化情况
（$A=3.0$，$B=2.6$，$T=80℃$）

图 3.26 是 C 分别取 6.0 和 8.0 时体系的等温固化准相图。随着良溶剂浓度的增大，体系准相图位置向右下方移动。相图位置的移动使得原来颗粒堆积结构的部分区域变成了双连续结构的区域，而原来双连续结构的部分区域变成了闭孔结构的区域。因此从相图的变化中可以推导出随着良溶剂浓度的增大，EP 材料相结构变化依次为颗粒堆积结构、双连续结构和闭孔结构，与实验结果一致。良溶剂浓度在不改变体系点位置的情况下，通过改变体系相图来改变 EP 材料的相结构。

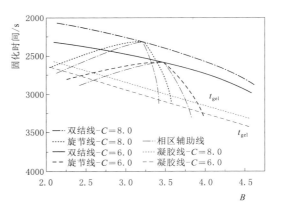

图 3.26　C 分别取 6.0 和 8.0 时体系等温
固化准相图
（$A=3.0$，$T=80℃$）

3.2.4　反应组分组成的影响

选择 E-51 型环氧树脂（DGEBA）作为单体，DDCM 作为交联剂，其中 DGEBA 具有双环氧，DDCM 具有双胺基团。DDCM 中伯胺上的一级氢和二级氢依次与环氧基团发生反应，其中二级氢的活性远远小于一级氢的活性[20]。保持致孔组分与反应组分的质量比（$B=2.6$）、良溶剂与不良溶剂的质量比（$C=6.0$）和固化温度（$T=80℃$）不变，考察单体与交联剂质量比 A 对相结构形貌的影响。图 3.27 为不同 A 值下制备的 EP 材料相结构电镜图。从图中可以看出，随着 A 值的增大，EP 相结构从颗粒堆积结构变为双连续结构，其中双连续结构的孔径随着 A 值的增大而减小。

图 3.28 为不同 A 值下体系固化反应热流-时间曲线及浊点和凝胶点的变化情况。其中 A 取值 3.5 时，DGEBA 和 DDCM 为化学计量比，A 为 3.0 时，DDCM 过量。从图中可以看出，A 的取值越小反应速率越大。由于交联剂（DDCM）中的伯胺基团有两个氢

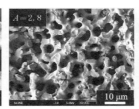

图 3.27 不同 A 值下 EP 材料相结构电镜图

($B=2.6$，$C=6.0$，$T=80℃$)

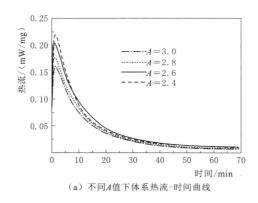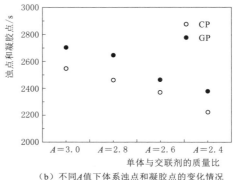

（a）不同 A 值下体系热流-时间曲线 （b）不同 A 值下体系浊点和凝胶点的变化情况

图 3.28 不同 A 值下体系的热流-时间曲线和浊点和凝胶点的变化情况

($B=2.6$，$C=6.0$，$T=80℃$)

原子，一级氢的活性远远大于二级氢的活性。交联剂用量越多，参加反应的氢原子中，一级氢所占的比例越大，从而提高了固化反应的活性，增大了反应速率。随着 A 值的增大，体系浊点凝胶点均延迟。A 值越大，反应速率越大，因此聚合物分子链增长速率越快，反应组分与致孔组分间的相容性随之快速减小，从而诱发相分离，使浊点提前。交联剂用量对凝胶点的影响包括两方面：一方面，交联剂用量越大，反应速率越快，体系固化越快。另一方面，E-51 型环氧树脂为双官能团，DDCM 为四官能团，网络结构的形成需要大量二级氢参与反应。由于一级氢的活性远远大于二级氢，因此当胺过量时，参加反应的氢原子中，二级氢所占的比例减小，使得反应产物中线性分子所占的比例增多，聚合物的交联度降低（图 3.29），抑制体系固化。以上两方面因素共同发挥作用，从结果中可以

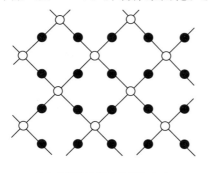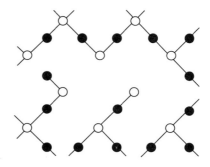

（a）化学计量的 DDCM 和 DGEBA （b）DDCM 过程

图 3.29 双胺与双环氧反应生成的聚合物分子示意图

看出，前者发挥更大作用，即交联剂用量越大，凝胶点出现越早。

图 3.30 是 A 分别取值 3.0 和 3.5 时，体系等温固化准相图，相对于 $A = 3.5$ 体系，$A = 3.0$ 体系的相图向左上方移动，使得原来部分闭孔结构的区域变成了双连续结构的区域；而原来双连续结构的部分区域变成了颗粒堆积结构的区域，因此随着 A 值的减小，即交联剂用量的增大，EP 材料相结构的变化规律依次是闭孔结构、双连续结构和颗粒堆积结构，与实验结果一致。

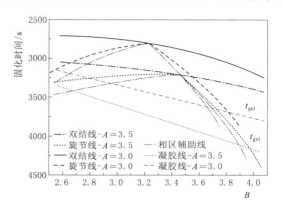

图 3.30　A 分别取值 3.0 和 3.5 时，体系
等温固化准相图
（$C = 6.0$，$T = 80℃$）

3.2.5　反应温度的影响

在反应诱导相分离中，温度是一个比较复杂的因素，一方面温度越高，体系黏度越小，越有利于相分离的进行；另一方面，温度的升高使体系反应速率增大，促进了相结构的冻结，又不利于相分离的进行[23]。图 3.31 为不同温度下 EP 材料相结构电镜图，随着温度的升高，EP 材料双连续结构的孔径随着温度的升高而减小。

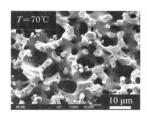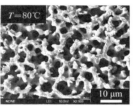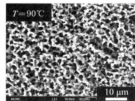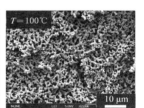

图 3.31　不同温度下 EP 材料相结构电镜图
（$A = 3.0$，$B = 2.6$，$C = 8.0$）

图 3.32 是不同温度下体系固化反应热流-时间曲线及浊点和凝胶点的变化情况。从图中

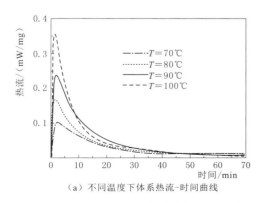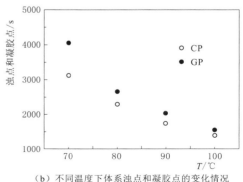

（a）不同温度下体系热流-时间曲线　　　　（b）不同温度下体系浊点和凝胶点的变化情况

图 3.32　不同温度下体系的热流-时间曲线
（$A = 3.0$，$B = 2.6$，$C = 8.0$）

可以看出,温度越高,反应速率越大,同时体系浊点和凝胶点随着温度的升高均提前。体系浊点和凝胶点均受到反应速率的影响,即随着反应速率的增大,体系浊点和凝胶点提前。

图 3.33 是 80℃、90℃下体系等温固化准相图,相对于 $T=80℃$ 体系,$T=90℃$ 体系的相图向右上方移动,使得原来部分颗粒堆积结构的区域变成了双连续结构的区域;而原来双连续结构的部分区域变成了闭孔结构的区域,因此随着 T 值的增大,EP 材料相结构的变化规律依次是颗粒堆积结构、双连续结构和闭孔结构,与实验结果一致。

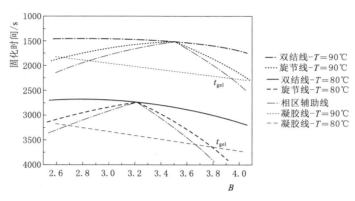

图 3.33 80℃、90℃下体系等温固化准相图
($A=3.0$,$C=6.0$)
Ⅰ—闭孔结构;Ⅱ—双连续结构;Ⅲ—颗粒堆积结构

3.2.6 纳米微球主导下多孔树脂微观结构的精细调控

与良溶剂作用类似,利用固体颗粒稳定界面,可抑制体系相分离,从而达到细化形貌的目的,但目前该方法主要用于聚合物改性。自 20 世纪 80 年代以来,人们一直在研究使用工程热塑性聚合物来增强和平衡环氧树脂的机械性能,以替代液体橡胶增韧。聚醚醚酮(PEEK)、聚醚砜(PES)、聚醚酰亚胺(PEI)和聚对苯二甲酸丁二醇酯(PBT)等工程热塑性塑料的应用可以在不明显降低其他性能的情况下提高环氧树脂的韧性[24-26],其主要缺点是黏度增加,限制了改性剂的用量。越来越多的研究表明,固体颗粒不仅可以补偿改性聚合物刚性的降低,而且固体颗粒和聚合物改性剂的适当组合可以产生协同效应(例如,进一步提高材料韧性),从而可减少聚合物改性剂的用量。固体颗粒对多相聚合物形态结构的影响已从实验和理论两个角度得到证实。通常情况下,固体颗粒的存在可促进相分离的发生(例如:由于颗粒表面被某一聚合物相润湿而引起组成波动),并且在随后的相分离过程中,颗粒的钉扎效应增加了聚合物共混物的黏度,阻止了质量传递过程,同时,颗粒对交联反应动力学的影响也会间接影响相分离过程。炭黑、有机黏土和 SiO_2 颗粒等均可作为固体颗粒填充聚合物共混物。Gubbels 等人[28] 研究了炭黑在聚乙烯(PE)/聚苯乙烯(PP)共混物中选择性分布的动力学和热力学,发现炭黑在单相或界面上的选择性分布可显著影响共混物的形态和导电性。有机改性纳米黏土因其固有的层间距和降低界面张力和平均液滴尺寸的能力,被广泛用作不互溶聚合物共混物中的纳米填料和相容剂。例如,Si 等人[29] 研究了填充改性有机黏土的聚苯乙烯(PS)/聚甲基丙烯酸甲酯(PMMA)、聚碳酸酯(PC)/苯乙烯-丙烯腈(SAN)和 PMMA/乙烯-醋酸乙烯酯

（EVA）共混物的形态，发现域尺寸大大减小，有机黏土颗粒沿界面分布。Hong 等[30-31] 发现，在聚对苯二甲酸丁二醇酯/PE 共混物中，有机黏土沿界面不均匀分布，形成界面相。界面相的存在可能会改变界面张力从而抑制液滴间的凝聚。Elias 等[32] 研究了两种气相 SiO_2 微球（亲水性和疏水性）对 PP/PS 共混物形态的影响，发现亲水性 SiO_2 微球倾向分散于 PS 相，而疏水性 SiO_2 微球倾向分散于 PP 相或相界面，SiO_2 微球的加入，使 PS 相尺寸明显减小。Zhang 等[33] 还发现，通过在 PP/PS 共混物中引入纳米 SiO_2 微球，PS 相尺寸大幅减小，且尺寸分布非常均匀。Tong 等[34] 发现，填充 SiO_2 纳米颗粒的不混溶聚二甲基硅氧烷/聚异丁烯共混物在低速剪切流下的聚结行为不仅取决于表面性质，还取决于纳米颗粒的浓度。Yang 等[35-36] 使用三元乙丙橡胶（EPDM）和两种纳米 SiO_2 颗粒（亲水性和疏水性），采用两种加工方法（一步法和两步法）同时对 PP 进行改性。研究发现，当填料网络结构形成时，可以同时提高韧性和模量，这种结构只能通过两步法在含有亲水性纳米 SiO_2 颗粒的复合材料中形成。将无机纳米颗粒引入不相容的聚合物混合物中，分散相尺寸会显著减小，同时形貌细化，无机纳米粒子的存在，可以诱导聚合物共混物从液滴形态到双连续形态的转变，这种效应在很大程度上取决于纳米颗粒的浓度，而无机颗粒与聚合物共混物两相的润湿性是影响无机颗粒选择性分布的主要原因，但关于无机颗粒稳定界面或改善形态的机制仍未达成一致。

目前，利用固体颗粒调控相分离过程从而改善两相分布状态的研究多集中于聚合物改性方面，而有关固体颗粒参与多孔材料结构调控的研究鲜有报道。我们在反应诱导相分离法制备环氧树脂多孔材料的过程中，引入了 SiO_2 微球，以达到精细调控环氧树脂多孔材料微观结构的目的。考察了含有 SiO_2 微球的环氧树脂共混体系的相分离过程，探索了 SiO_2 润湿性和质量分数对环氧树脂多孔材料微观结构的影响规律，该研究结果对于固体颗粒参与的相分离法制备多孔材料过程具有一定的普适性和指导意义。

本节样品原样编号为 A（表 3.3），添加 SiO_2 微球后的样品编号为 A - SiO_2 微球润湿性- SiO_2 微球质量分数，例如：当原样中添加 1wt％亲水 SiO_2 微球时，样品编号为 A -亲- 1wt％；当原样中添加 1wt％亲疏比例 1∶1 的 SiO_2 微球时，样品编号为 A -亲/疏（1∶1）- 1wt％。反应条件为 80℃，12h。

表 3.3　　　　　　　　　　　　　原 料 组 成 表

原料	EP	DDCM	PEG200	1,4 -二氧六环
质量分数/％	17.86	7.14	64.46	10.54

通过 Stober 法制得平均粒径为 201.93nm 的 SiO_2 微球（图 3.34），该微球表面带有羟基基团，与水接触角为 0° ［图 3.35（a）］，存在着与环氧树脂之间结合力差的问题，从而限制了 SiO_2 微球的应用，所以需要对 SiO_2 微球表面进行改性来达到所需实验效果。常用的改性剂有醇、脂肪酸、有机硅化物和硅烷偶联剂等[37-38]。本书以 HMDS 作为改性剂，采用湿法工艺[39] 对 SiO_2 微球表面进行改性。HMDS 会在 SiO_2 微球表面水解，取代表面羟基，通过调节改性剂

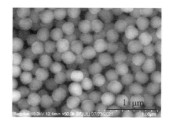

图 3.34　Stober 法制备的 SiO_2 微球的电镜图

HMDS 的用量，得到了与水接触角分别为 108°和 148°的 SiO₂ 微球，如图 3.35（b）、（c）所示。

（a）亲水 SiO₂ 微球　　　　　（b）中性 SiO₂ 微球　　　　　（c）疏水 SiO₂ 微球

图 3.35　SiO₂ 微球与水接触角

3.2.6.1　环氧树脂共混体系相分离过程

图 3.36 给出了在不添加 SiO₂ 微球时，环氧树脂体系相分离过程的光镜图。很显然，其相分离过程遵循路径（2）。添加 SiO₂ 微球后，从环氧树脂体系相分离过程的光镜图（图 3.37）可以看出，其相分离过程仍然遵循路径（2），表明 SiO₂ 微球并没有明显改变相分离途径。但可以发现加入 SiO₂ 微球后，其相分离过程主要发生在相分离前期，后期结构没有明显改变，且最终相结构冻结在相分离过程的早期状态。SiO₂ 微球一方面分散在两相中，增加了两相流的黏度[40]，从而减小了两相之间物质的传递速率；另一方面 SiO₂ 微球聚集于两相界面处，形成致密的界面层，阻止了两相之间的物质传递。即 SiO₂ 微球的加入减小了相分离速率，其作用在相分离后期更加显著，从而使相结构冻结在相分离过程的早期状态。就旋节线相分离而言，SiO₂ 微球的加入有利于获得相尺寸较小的双连续结构。

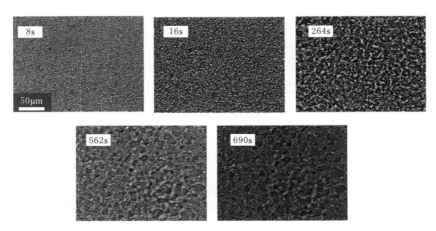

图 3.36　不添加 SiO₂ 微球的环氧树脂体系（样品 A）相分离过程光镜图

3.2.6.2　SiO₂ 微球的影响

1. SiO₂ 微球质量分数的影响

作为影响微观结构调控的重要因素，固体颗粒浓度既可影响颗粒在两相及相界面处的分布情况，又可影响体系的流动性。这里我们考察了 SiO₂ 微球质量分数对环氧树脂多孔

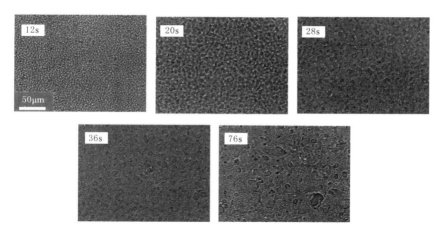

图 3.37 添加 SiO_2 微球的环氧树脂体系［样品 A-亲/疏（1∶1）-2wt％］相分离过程光镜图

材料微观结构的影响规律，并以此作为指导实现环氧树脂多孔材料的精细调控。图 3.38 给出了样品 A 和 SiO_2 微球刻蚀前后样品 A-亲-1wt％的电镜图。通过对比［图 3.38（a）、（b）］，可以发现加入 SiO_2 微球后，环氧树脂多孔材料孔径减小明显，再次说明 SiO_2 微球的加入对调控环氧树脂多孔材料微观结构具有显著作用。图 3.38（b）是经乙醇索提并干燥后得到的环氧树脂多孔材料的电镜图，从图中可以看到 SiO_2 微球附着在环氧树脂骨架表面，通过酸刻蚀可将其彻底去除［图 3.38（c）］。该方法的优点是 SiO_2 微球只是参与了环氧树脂多孔材料微观结构的调控，即在不引入新组分的情况下，实现了环氧树脂多孔材料微观结构的精细调控，且该方法具有一定的普适性。

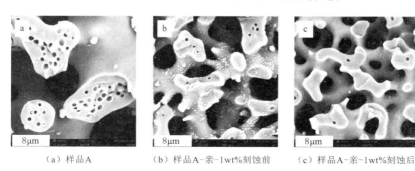

（a）样品A　　　　　（b）样品A-亲-1wt%刻蚀前　　　（c）样品A-亲-1wt%刻蚀后

图 3.38 环氧树脂多孔材料电镜图

图 3.39 是改变 SiO_2 微球质量分数后制备的环氧树脂多孔材料。很明显，图 3.39（a）和图 3.39（b）相比，孔径变化明显，说明加入 SiO_2 微球后，体系相分离行为变化显著，其中图 3.39（a）中小颗粒为二次相分离所致，并不是 SiO_2 微球。当进一步提高 SiO_2 微球质量分数时，孔径变小，但并不显著。一方面说明 SiO_2 微球质量分数越大，相分离程度越低，最终得到的相结构尺寸越小；另一方面说明 SiO_2 微球质量分数较低时，SiO_2 微球质量分数的变化可显著影响相结构尺寸，当 SiO_2 微球质量分数增大到一定程度后，SiO_2 微球质量分数的变化仍可影响相结构尺寸，但并不显著。利用这种现象可实现对环氧树脂多孔材料的精细调控。图 3.40 为环氧树脂多孔材料孔径分布。

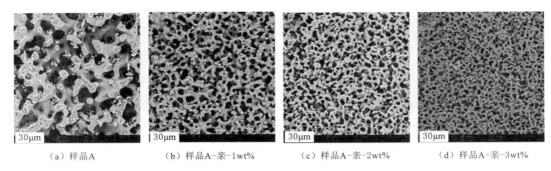

|（a）样品A|（b）样品A-亲-1wt%|（c）样品A-亲-2wt%|（d）样品A-亲-3wt%|

图 3.39 SiO$_2$ 微球刻蚀后环氧树脂多孔材料电镜图

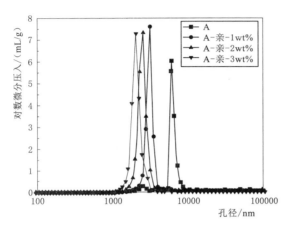

图 3.40 环氧树脂多孔材料孔径分布

2. SiO$_2$ 微球润湿性的影响

固体颗粒润湿性可影响固体颗粒在两相及两相界面的分布情况，从而影响最终的相结构，是影响微观结构调控的关键因素。图 3.41 和图 3.42 分别给出了不同质量分数的疏水性和亲水性 SiO$_2$ 微球制备的环氧树脂多孔材料的电镜图。从图中可以看出，尽管 SiO$_2$ 微球的润湿性不同，但随着 SiO$_2$ 微球质量分数的增加，环氧树脂多孔材料孔径均逐渐减小，该结果进一步证实了 SiO$_2$ 微球质量分数对环氧树脂多孔材料孔径调控规律。图 3.43 可以更直观地看出润湿性不同的 SiO$_2$ 微球对环氧树脂多孔材料孔径调控的规律。可以发现，相同质量分数下，亲水性 SiO$_2$ 微球对环氧树脂多孔材料孔径的影响程度最大，疏水性 SiO$_2$ 微球次之，中性 SiO$_2$ 微球影响最大。这种差异主要源于不同润湿性 SiO$_2$ 微球在两相及两相界面的分布情况不同。当 SiO$_2$ 微球分布于某一相时，将显著改变该相的流动性，影响该相中物质的传递过程，该实验结果表明，在双连续相结构发展过程中，当 SiO$_2$ 微球优先分布于某一相时，其对相结构的影响最为显著。此外，随着质量分数的增大，不同润湿性的 SiO$_2$ 微球制备的环氧树脂多孔材

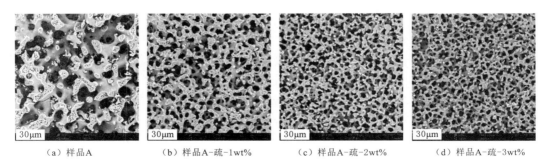

|（a）样品A|（b）样品A-疏-1wt%|（c）样品A-疏-2wt%|（d）样品A-疏-3wt%|

图 3.41 疏水性 SiO$_2$ 微球刻蚀后环氧树脂多孔材料电镜图

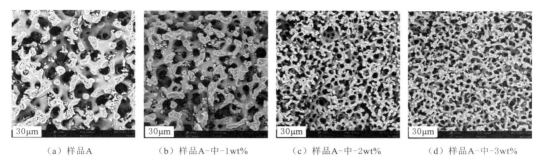

（a）样品A　　　（b）样品A-中-1wt%　　　（c）样品A-中-2wt%　　　（d）样品A-中-3wt%

图 3.42　中性 SiO_2 微球刻蚀后环氧树脂多孔材料电镜图

料孔径差异减小，即 SiO_2 微球润湿性对相结构的影响逐渐减弱。

为了进一步证实以上结论，在同一质量分数下，加入不同亲疏比例的 SiO_2 微球，观察环氧树脂多孔材料的孔径变化。如图 3.44 所示，随着亲水 SiO_2 微球比例的增大，材料孔径先变大，后变小。亲水 SiO_2 微球和疏水 SiO_2 微球的混合，意味着润湿效果的改变，结果表明单独使用亲水 SiO_2 微球或单独使用疏水 SiO_2 微球，对结构的调控效果最为明显，即当 SiO_2 微球优先分布于某一相时，其对相结构的影响最为显著。

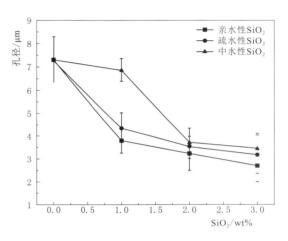

图 3.43　刻蚀 SiO_2 后的环氧树脂多孔材料孔径图

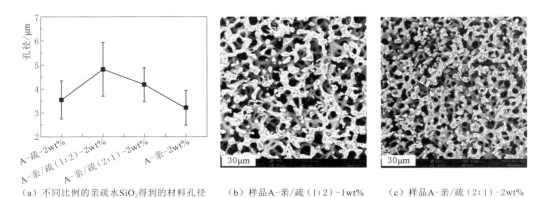

（a）不同比例的亲疏水 SiO_2 得到的材料孔径　　　（b）样品A-亲/疏（1:2）-1wt%　　　（c）样品A-亲/疏（2:1）-2wt%

图 3.44　环氧树脂多孔材料孔径图和电镜图

这里我们考察了一种新的多孔材料微观结构调控方法，在反应诱导相分离法制备环氧树脂多孔材料的过程中，引入了 SiO_2 微球，通过改变 SiO_2 微球的质量分数和润湿性，调控环氧树脂多孔材料的微观结构。通过酸刻蚀法将 SiO_2 微球去除后，可在不引入新组分的情况下，实现环氧树脂多孔材料微观结构的精细调控。SiO_2 微球的质量分数和润湿性均可通过干预相分离行为，达到调控相结构的目的。SiO₂ 微球质量分数越大，相结构尺寸越小，有趣的是当 SiO₂ 微球质量分数较低时，其变化可显著影响相结构尺寸，但当 SiO₂ 微球质量分数增大到一定程度后，这种影响很微弱，利用这种现象可实现对环氧树脂多孔材料的精细调控；同样值得注意的是 SiO₂ 微球润湿性的影响，当 SiO₂ 微球优先被其中一相润湿时，其对环氧树脂多孔材料微观结构的影响更显著。以上研究结果对于固体颗粒参与的相分离法制备多孔材料过程具有一定的普适性和指导意义。

3.2.7 小结

为了实现对 EP 材料相结构的调控，获得具有双连续贯通孔结构的 EP 材料，我们研究了环氧树脂体系反应诱导相分离过程中关键因素（致孔剂浓度、不良溶剂分子量、良溶剂种类和浓度、单体与交联剂的质量比和温度）的影响机制，并结合相图给出了合理的阐述和解释。主要结论包括：

（1）致孔剂浓度的增大降低了体系的反应速率，同时使体系浊点和凝胶点延迟。随着致孔组分浓度的增大，体系点依次经过相图的 Ⅰ、Ⅱ 和 Ⅲ 区，EP 材料相结构变化依次为闭孔结构、双连续结构和颗粒堆积结构。

（2）不良溶剂分子量的增大降低了体系的反应速率，使体系浊点和凝胶点延迟。随着不良溶剂分子量的增大，体系相图向右下方移动，EP 材料相结构变化依次为颗粒堆积结构、双连续结构和闭孔结构。

（3）良溶剂的加入在改善两相相容性的同时，也影响了体系的反应速率。对体系相容性的改善能力从大到小依次为 1,4-二氧六环、DMF、环己酮和 DMSO；反应速率从大到小为 1,4-二氧六环、DMSO、DMF 和环己酮。随着良溶剂溶胀度的增大，EP 材料相结构变化依次为：颗粒堆积结构、双连续结构和闭孔结构。

（4）致孔组分中良溶剂浓度增大降低了反应速率，使体系浊点和凝胶点延迟。随着致孔组分中良溶剂浓度的增大，体系相图向右下方移动，EP 材料相结构变化依次为：颗粒堆积结构、双连续结构和闭孔结构。

（5）随着单体与交联剂质量比的增大，反应速率减小，体系浊点和凝胶点延迟，体系相图向右下方移动，EP 材料相结构变化依次为：颗粒堆积结构、双连续结构和闭孔结构。

（6）温度的升高使反应速率增大，体系浊点和凝胶点提前。随着温度的升高，体系相图向右上方移动，EP 材料相结构变化依次为：颗粒堆积结构、双连续结构和闭孔结构。

（7）初步探索了 SiO₂ 纳米颗粒对环氧树脂分相体系的影响规律。

参 考 文 献

［1］ Peters E C, Frantisek Svec A, Fréchet J M J. Preparation of large-diameter "molded" porous polymer monoliths and the control of pore structure homogeneity [J]. Chemistry of Materials, 1997, 9 (8): 1898-1902.

［2］ Yu S, Ma K C C, Mon A A, et al. Controlling porousproperties of polymer monoliths synthesized by photoinitiated polymerization [J]. Polymer International, 2013, 62 (3): 406-410.

［3］ Nischang I. Porous polymer monoliths: morphology, porous properties, polymer nanoscale gel structure and their impact on chromatographic performance [J]. Journal of Chromatography A, 2013, 1287 (8): 39-58.

［４］ Kanamori K，Hasegawa J，Nakanishi K，et al. Facile synthesis of macroporous cross－linked methacrylate gels by atom transfer radical polymerization ［J］. Macromolecules，2008，41（41）：7186－7193.

［５］ Hayaty M，Beheshty M H，Esfandeh M. Cure kinetics of a glass/epoxy prepreg by dynamic differential scanning calorimetry ［J］. Journal of Applied Polymer Science，2011，120（1）：62－69.

［６］ Ooi S K，Cook W D，Simon G P，et al. DSC studies of the curing mechanisms and kinetics of DGEBA using imidazole curing agents ［J］. Polymer，2000，41（10）：3639－3649.

［７］ Corcione C E，Frigione M，Acierno D. Rheological characterization of UV－curable epoxy systems：Effects of o－Boehmite nanofillers and a hyperbranched polymeric modifier ［J］. Journal of Applied Polymer Science，2009，112（3）：1302－1310.

［８］ Patel P S，Shah P P，Patel S R. Differential scanning calorimetry investigation of curing of bisphenolfurfural resins ［J］. Polymer Engineering & Science，1986，26（17）：1186－1190.

［９］ Bonnet A，Pascault J P，H.Sautereau A，et al. Epoxy－diamine thermoset/thermoplastic blends. 1. rates of reactions before and after phase separation ［J］. Macromolecules，1999，32（25）：8517－8523.

［10］ Devi K A，Nair C P R，Catherine KB，et al. Triphenyl phosphine catalyzed curing of diallyl bisphenol A－novolac epoxy resin system－A kinetic study ［J］. Journal of Macromolecular Science Part A，2008，45（1）：85－92.

［11］ Smith I T. The mechanism of the crosslinking of epoxide resins by amines ［J］. Polymer，1961，2（61）：95－108.

［12］ Madbouly S A，Otaigbe J U. Kinetic analysis of fractal gel formation in waterborne polyurethane dispersions undergoing high deformation flows ［J］. Macromolecules，2006，39（12）：4144－4151.

［13］ Tanaka H. Viscoelastic phaseseparation ［J］. Journal of Physics Condensed Matter，2000，12（15）：R207－R264.

［14］ O'brien D J，Mather P T，White S R. Viscoelastic properties of an epoxy resin during cure ［J］. Journal of Composite Materials，2001，35（10）：121－123.

［15］ Tanaka H，Araki T. Spontaneous double phase separation induced by rapid hydrodynamic coarsening in two－dimensional fluid mixtures ［J］. Physical Review Letters，1998，81（2）：389－392.

［16］ Mulder M. Basic Principles of Membrane Technology ［M］. Berlin：Springer Netherlands，1996.

［17］ Wijmans J G，Kant J，Mulder M H V，et al. Phase separation phenomena in solutions of polysulfone in mixtures of a solvent and a nonsolvent：relationship with membrane formation ［J］. Polymer，1985，26（10）：1539－1545.

［18］ Li J H，Du Z J，Li H Q，et al. Porous epoxy monolith prepared via chemically induced phase separation ［J］. Polymer，2009，50（6）：1526－1532.

［19］ Yamanaka K，Takagi Y，Inoue T. Reaction－induced phase separation in rubber－modified epoxy resins ［J］. Polymer，1989，30（10）：1839－1844.

［20］ Yamasaki H，Morita S. Identification of the epoxy curing mechanism under isothermal conditions by thermal analysis and infrared spectroscopy ［J］. Journal of Molecular Structure，2014，1069（26）：164－170.

［21］ Nischang I. on the chromatographic efficiency of analytical scale column formatporous polymer monoliths：interplay of morphology and nanoscale gel porosity ［J］. Journal of Chromatography A，2012，1236（5）：152－163.

［22］ 黄月文，刘伟区，罗广建. 改性胺催化固化环氧树脂的研究 ［J］. 粘接，2003，24（6）：21－24.

［23］ Martinez I，Martin M D，Eceiza A，et al. Phase separation in polysulfone – modified epoxy mixtures. Relationships between curing conditions，morphology and ultimate behavior ［J］. Polymer，2000，41 (3)：1027 – 1035.

［24］ Leite A M D，Maia L F，Pereira O D. Mechanical properties of nylon 6/Brazilian clay nanocomposites ［J］. Journal of Alloys and Compounds Volume，2010，495 (2)：596 – 597.

［25］ Hobbs S Y，Dekkers M E J，Watkins V H. Effect of interfacial forces on polymer blend morphologies ［J］. Polymer，1988，9 (29)：1598 – 1602.

［26］ Kudva R A，Keskkula H，Paul D R. Compatibilization of nylon 6/ABS blendsusing glycidyl methacrylate/methyl methacrylate copolymers ［J］. Polymer，1998，39：2447.

［27］ Leite A M D，Maia L F，Pereira O D. Mechanical properties of nylon 6/Brazilian clay nanocomposites ［J］. Journal of Alloys and Compounds Volume，2010，495 (2)：596 – 597.

［28］ Gubbels F，Blacher S，Vanlathem E，et al. Design of Electrical Composites：Determining the Role of the Morphology on the Electrical Properties of Carbon Black Filled Polymer Blends ［J］. Macromolecules，1995，28：1559.

［29］ Si M，ArakiT，Ade H，et al. Compatibilizing bulk polymer blends by using organoclays ［J］. Macromolecules，2006，39 (14)：4793 – 4801.

［30］ Hong J S，Namkung H，Ahn K H，et al. The role of organically modified layered silicate in the breakup and coalescence of droplets in PBT/PE blends ［J］. Polymer，2006，47：3967 – 3975.

［31］ Hong J S，Kim Y K，Ahn K H，et al. Interfacial tension reduction in PBT/PE/clay nanocomposite ［J］. Rheologica Acta volume，2007，46：469 – 478.

［32］ Elias L，Fenouillot F，Majeste J C，et al. Morphology and rheology of immiscible polymer blends filled with silica nanoparticles ［J］. Polymer，2007，48 (20)：6029 – 6040.

［33］ Zhang Q，Yang H，Fu Q. Kinetics – controlled compatibilization of immiscible polypropylene/polystyrene blends using nano – SiO$_2$ particles ［J］. Polymer，2004，45 (6)：1913 – 1922.

［34］ Tong W，Huang Y J，Liu CL，et al. The morphology of immiscible PDMS/PIB blends filled with silica nanoparticles under shear flow ［J］. Colloid and Polymer Science volume，2010，288：753 – 760.

［35］ Yang H，Zhang X Q，Qu C，et al. Largely improved toughness of PP/EPDM blends by adding nano – SiO$_2$ particles ［J］. Polymer，2007，48 (3)：860 – 869.

［36］ Yang H，Zhang Q，Guo M，et al. Study on the phase structures and toughening mechanism in PP/EPDM/SiO$_2$ ternary composites ［J］. Polymer，2006，47 (6)：2106 – 2115.

［37］ 于欣伟，陈姚. 白炭黑的表面改性技术 ［J］. 广州大学学报，2002，1 (6)：12 – 16.

［38］ 杨海堃. 超微细气相法白炭黑的表面改性 ［J］. 化工新型材料，1999，27 (10)：8 – 12.

［39］ 唐洪波，张欣萌，马冰洁，等. 六甲基二硅胺烷改性纳米 SiO$_2$ 工艺 ［J］. 沈阳工业大学学报，2007，29 (6)：663 – 666.

［40］ Zhong X，Liu Y，Su H，et al. Enhanced viscoelastic effect of mesoscopic fillers in phase separation ［J］. Soft Matter，2011，7：3642 – 3650.

第4章 热致相分离法制备粉煤灰多孔玻璃

4.1 国内外粉煤灰的应用研究进展

粉煤灰是火电厂燃煤过程中产生的固体残渣，煤在燃烧过程中飞灰的形成经过一系列复杂的序列，产生不同的灰组分，受多种因素的控制。粉煤灰的成分复杂，其主要成分为二氧化硅、氧化铝、铁氧化物、氧化钙和残余碳，还可能含有汞、铅、砷等微量元素和一些稀有元素。具有毒性，若处理不当会对环境造成危害。未被利用的粉煤灰则多采用堆放处理，粉煤灰的堆放极易对人体健康和环境造成威胁，随扬尘进入空气的粉煤灰会刺激眼睛、皮肤、喉咙和呼吸道，严重时甚至导致砷中毒。因此，粉煤灰的高附加值利用迫在眉睫。当前粉煤灰的资源化利用主要集中在制备水泥、混凝土、道路填料等低附加值领域，高附加值领域的应用很少，仅占粉煤灰总利用量的 10% 左右，因此，应该加强对粉煤灰高附加值利用领域的研究[1-2]。不同地区、不同电厂燃烧产生的粉煤灰品质差异较大，粉煤灰的品质差异使其适用领域也不同，这制约了它的高附加值利用，所以构建成熟的品质评价体系对有效推动粉煤灰的高附加值利用而言十分必要。对粉煤灰进行一定的工艺处理，从中提取高利用价值的物质，以高附加值产品为导向的开发是粉煤灰利用的发展方向。而目前适用于粉煤灰高附加值利用领域的品质评价体系较为缺乏，亟待研究与完善。然而，粉煤灰的品质是制约其高附加值利用的主要因素。目前，中国粉煤灰品质参差不齐，缺少完善的品质评价体系，由此造成粉煤灰利用领域的局限性。

我国粉煤灰的综合利用涉及多个领域，目前中国粉煤灰的利用路径约 80% 集中于建材领域[3]。将粉煤灰作为水泥、混凝土、砖材等材料的掺合料早已被证实为可行的资源化手段，并且均已取得了显著研究成果。由于粉煤灰中有大量的二氧化硅和三氧化二铝的存在，使得粉煤灰具有和水泥类似的性质，因此被广泛地用作为水泥的替代品、混凝土或砖材的添加剂[4-5]。用粉煤灰烧结而成的砖具有成本低、质量轻和质量好等优点。周忠华[6]将一定量的无烟粉煤作为原料，通过加入无机和有机的增塑剂，使无烟粉煤灰加入的含量增加，并且烧成了抗压强度高达 75MPa 的砖。从 20 世纪中期开始至今，我国对于粉煤灰混凝土的应用研究已经基本实现产业化[7]，并颁布了正式标准[8]，高掺量粉煤灰混凝土已经应用到多项大型工程中，如三峡大坝水利工程、北京奥运会场馆及配套设施工程[9] 等，不仅提高了普通混凝土的性能，同时节约了成本，实现了固体废物的综合利用。赵志方[10] 等采用绝热和 TEC（温度匹配模式）两种不同的温度历程的护养模式，进行了 FA（参照混凝土）和 UHVFA（超高掺粉煤灰）混凝土的温度-应力试验，结果表明，随着粉煤灰掺杂量的增加，使其混凝土热膨胀系数逐渐减小，并且对提高混凝土的抗裂性能有了显著作用。张建[11] 通过将粉煤灰掺入混凝土内部，发现其会产生二次水化反应，显著提高了混凝土路基的防水性能，并且得出当掺量达到 40％ 时混凝土的防水性能达到最佳。

粉煤灰的综合利用还涉及其他方面领域，在环保领域、农业领域以及化工领域方面前人已经做了大量的试验研究，并且已经得到了很好的应用。伊元荣等[12] 利用粉煤灰作为吸附材料对含有铅的废水进行了吸附试验，研究表明离子浓度、吸附时间和投灰量都对吸附效果有着显著的影响效果。吸附效果在较好的情况下，粉煤灰对 Pb^{2+} 吸附率可以达到 98.5％～99.0％。龚真萍[13] 利用沸石粉煤灰进行染料废水处理研究，并得到了最佳沸石粉煤灰加入量以及最佳的 pH 值，对亚甲基蓝废水脱色率和 COD 去除率最佳的结果。孙联合等[14] 研究粉煤灰磁化肥对夏芝麻的增产效应，发现施用粉煤灰磁化肥后其增产效应最佳，与传统化肥相比，施用粉煤灰磁化肥的芝麻植株高，同时可以有效改良土壤的物理性状。

粉煤灰的综合利用已经引起高度关注，虽然我国的粉煤灰资源化利用已经取得了显著的研究成果，并且成功地实现了产业化的应用。但是，由于我国特殊国情，粉煤灰产量巨大，地区分布不均衡且有季节性差异，导致粉煤灰利用率低，且地区性差异大。因此，应该继续加大对粉煤灰的研究力度，拓宽粉煤灰的应用范围，将粉煤灰作为资源最大限度的综合利用，争取和发达国家的平均水平实现高度一致，并且实现以废制废、变废为宝的目的。为加快我国粉煤灰资源可持续健康发展和支撑生态文明建设提供科技保障。为加快我国粉煤灰资源可持续健康发展和支撑生态文明建设提供科技保障。

近年来，国外的研究学者们对粉煤灰在吸附和保温材料方面、粉煤灰中矿物提取以及土壤改良等领域应用的新技术进行了积极开发研究讨论。Camila Gomes Flores 等人[15] 从干燥基灰分含量为 48.7％ 的次烟煤中提取钾沸石作为原料，合成小麦植株的钾肥。采用常规的氢氧化钾水热处理的方法合成钾沸石。并将合成的钾沸石作为温室植物的肥料进行了一系列测试。使其具有将其用作农业肥料的良好潜力。Chulseoung Baek 等人[16] 利用 CFBC 煤灰的自硬化特性，将石灰石粉与 CFBC 粉煤灰和 Ca（OH）$_2$ 混合制成脱硫吸附剂，生成水泥水合物。然后使用高温流化床反应器在脱硫效率方面比较这些吸收剂。从而证实了使用 CFBC 粉煤灰作为黏合剂制备的脱硫吸收剂在吸收时间方面取得的最佳性能。D. Valeev 和 Kunilova I. 等人[17] 使用从鄂木斯克 TPS - 4（俄罗斯）收集的粉煤灰开发利用了联合处理技术，并且进行了含铁组分磁选、浮选选碳、高压釜酸浸提铝三步处理，得出了磁选后磁选组分中各个含量的情况，研究了高压釜盐酸浸出过程中温度和暴露时间对铝浸出效率的影响。Binici H 等人[18] 研究调查了利用粉煤灰和棉花废料组合能够生产新型低成本轻质复合材料，从而作为建筑材料方面的潜在用途，并通过实验测试证明了该复合材料可用于墙壁，作为保温板、天花板和隔音板等经济替代品。Font O 等[19] 研究了不同的温度、水/飞灰比和提取时间对粉煤灰中金属锗提取的影响，得到了最高 84％ 的锗提取产率。Tripti 和 Basu M 等学者[20-21] 以粉煤灰为载体，成功研究制备出了用于改良土壤的生物肥料，并通过实验进一步证明了粉煤灰生物肥料的潜在发展趋势。

4.1.1 多孔玻璃制备的应用研究进展

多孔玻璃是利用特定组成玻璃的分相现象，经过特定工艺处理而制得的一种具有无数连通孔道的玻璃[22]。作为一种无机多孔材料，多孔玻璃具有许多其他多孔材料所不具有的特性：① 孔道均匀、连通、孔径分布范围窄，平均孔径为纳米到微米级，可在较大范围内（2nm～20μm）通过制备条件进行调整，此外还具有较高的孔隙率和比表面积；②优良的惰性体，不会因溶媒种类、pH 值、温度等不同而膨胀；③导光，机械强度高，耐热性好，使用温度可达 800℃ 以上；④孔的内表面存在大量的 Si-OH（4-8OHs nm²），借此可对多孔玻璃进行表面修饰和改性[23]；⑤几何形状可通过成型工艺进行控制，有球状、棒状、纤维状、中空纤维状和超薄膜片状。根据基体玻璃化学组成的不同，多孔玻璃分为高硅系、锆硅系、磷硅系、含钛系、火山灰系和粉煤灰系等多个体系。由于上述优良特性，多孔玻璃被认为是一类有多种潜在用途的新型材料。

多孔玻璃的主要类型有高硅系多孔玻璃、锆硅系多孔玻璃、含钛系多孔玻璃、磷硅系多孔玻璃、火山灰系多孔玻璃以及粉煤灰系多孔玻璃。多孔玻璃具有比表面积大、耐高温、热稳定性高、耐腐蚀性强和相对较高的强度的特点，因此适合于用作催化剂、吸附剂、精制剂、药物缓释剂和异种杂交的载体，并且能够应用到食品、环保、化学化工、医药医疗、生物、基因工程等多个领域，引起了人们的广泛关注[24]。

在光学应用方面，黄熙怀等研究了 Ce^{3+} 和 Mn^{2+} 离子在纳米多孔玻璃中的发光[25]，经过烧结后获得了可将紫外线转变成可见光的高温玻璃。Shigeo、Ogawa、Jiro 等[26] 采用分光光度计对多孔 Vycor 玻璃的吸收和排液过程进行了光学的研究。袁绥华等研究了复合物在纳米多孔玻璃中的发光现象[27-28]。谢康等研究了 Co^{2+}/Ce^{3+} 共掺多孔玻璃在还原气氛烧结下的光谱[29]。周时风等人将过渡金属离子 Bi 引入多孔玻璃中，采用控制烧结气氛的方法制备出了可见及近红外等多种波段的发光[30]。Izumi 等[31] 将多孔玻璃基二氧化氮传感芯片与氧化剂结合，制备出了一种新型的二氧化氮传感器。其可以测量 NO 和 NO_2 的结合浓度。

在临床医学及医药工业中，Lakhkar N J、Park J H、Mordan N J 等[32] 利用优异的材料性能，研究将磷酸钛玻璃利用火焰球技术将其加工成玻璃微球形式，然后作为微载体放大为不同类型的细胞，将其应用于再生细胞治疗的应用中；Vitale-Brovarone C、Ciapetti G、Leonardi E 等[33] 采用具有可吸收性和生物活性的微晶玻璃支架对人骨髓基质细胞的体外影响做了研究。

在膜乳化技术中，Vladisavljevi G T[34] 对利用膜乳化技术制备了微乳液和纳米乳液；Sato、Mayu、Akamatsu 等[35] 利用 SPG 膜乳化技术制备了尺寸均匀的载氧血红蛋白微球，其微球表现为较高的氧亲和氧传递功能。

4.1.2　粉煤灰基多孔玻璃的制备研究进展

对粉煤灰进行一定的工艺处理，从中提取高利用价值的物质，利用粉煤灰特性，可以制备出粉煤灰基多孔玻璃。粉煤灰受燃烧煤质、燃烧方式及烟尘处理方法的影响，各地粉煤灰的化学成分和物理性质具有很大的差异性[36]。而由粉煤灰构建的玻璃体系，在熔融、分相以及后处理过程中将会受到这种差异性的影响，造成制备结果的不同。本文制备出的多孔玻璃具有均一孔径的三维双连续贯通孔结构，同时孔的内表面也存在大量的 Si-OH，极为亲水。因此，粉煤灰基多孔玻璃在膜乳化技术领域具有巨大的潜在应用价值。

粉煤灰在制备多孔玻璃方面有一定的研究。徐岩[37] 以粉煤灰为原料，采用立式成珠炉反应装置、热分相和酸浸析方法制备了多孔玻璃微珠，并且探讨了其吸附特性和成珠条件，最终得出了研究结果。在 1273K 温度下的立式成珠炉内，热分相温度在 833K、

3mol/L HCl 酸浸析条件下，粉煤灰和添加剂粉末可制得孔径分布在 12nm 左右孔隙率较高的白色多孔玻璃微珠。

4.2　均一贯通孔结构粉煤灰多孔玻璃制备工艺研究

内蒙古自治区煤炭资源及煤基固废具有国内外无法比拟的特殊资源，例如其中富集铝、硅、镓、锗、空心微珠、非晶态氧化硅等多种有益组分；另一方面，随着天然矿物资源的短缺，将煤基固废作为一种基础性原材料实现全组分资源化利用成为发展趋势。粉煤灰作为煤基固废的典型代表，其主要成分包括 SiO_2、Al_2O_3、CaO、F_2O_3 等无机氧化物。以粉煤灰作为原料，构建 $SiO_2 - B_2O_3 - Al_2O_3 - CaO - Na_2O$ 玻璃体系，利用热分相法制备具有均一孔径的多孔玻璃，不仅可以节约资源，降低生产成本，同时也开辟了一种新的粉煤灰高值化利用路径。但目前粉煤灰基多孔玻璃的制备仍处于开发研究阶段，尚未形成成熟的制备技术和生产工艺，离产业化、商品化的距离较远，尤其在国内，关于该方面的研究鲜有报道。

粉煤灰的多样性和差异性，决定了以粉煤灰作为原料的多孔玻璃制备工艺的特殊性，本章将选取内蒙古上都发电有限公司所产生的粉煤灰作为基础原料，针对均一贯通孔结构粉煤灰多孔玻璃制备工艺进行系统研究，包括：粉煤灰预处理制度、熔融制度、热分相制度以及酸浸碱溶制度，初步建立合理的粉煤灰多孔玻璃制备工艺，并对制备得到的粉煤灰多孔玻璃的物化特性进行详细表征。

粉煤灰基多孔玻璃制备的一般过程是将熔融后的母玻璃经过热处理后分相，形成相互贯通的两相，其中一相为酸可溶富集相（$B_2O_3 - CaO - Fe_2O_3 - Na_2O$），另一相为酸不可溶富集相（$SiO_2 - Al_2O_3$），分相后的基体玻璃通过酸浸析后将酸可溶相溶解掉，在浸析过程中，存在于 $B_2O_3 - CaO - Fe_2O_3 - Na_2O$ 富集相中的 SiO_2 没有溶解，而是以胶体的状态残留在孔道中，为了得到原始相分离结构，需要利用碱将 SiO_2 胶体从孔道中去除，最终得到具有贯通孔结构的 $SiO_2 - Al_2O_3$ 多孔玻璃。粉煤灰基多孔玻璃制备的一般流程如图 4.1 所示。本章主要针对均一贯通孔结构粉煤灰多孔玻璃制备工艺进行了系统研究，包括：粉煤灰预处理制度、熔融制度、热分相制度以及酸浸碱溶制度，并对制备得到的粉煤灰多孔玻璃的物化特性进行了详细表征。

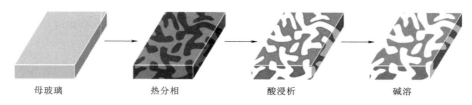

母玻璃　　　　　热分相　　　　　酸浸析　　　　　碱溶

图 4.1　粉煤灰多孔玻璃制备的一般流程

4.2.1　粉煤灰的预处理制度

由于燃烧煤质、燃烧方式及烟尘处理方法的不同，造成不同来源甚至同一来源不同批次粉煤灰在理化性质上有很大差异。而由粉煤灰构建的玻璃体系，在熔融、分相以及后处理过程中可能会受到这种差异性的影响，造成制备结果的不同。为了降低粉煤灰样品的差异性，需要对粉煤灰样品进行筛分和煅烧处理。图 4.2（a）给出了 5 种粉煤灰过筛前的粒径分布（1 号：内蒙古上都发电有限责任公司的粉煤灰；2 号：山西河津发电厂的粉煤灰；3 号：河北华电石家庄热电厂的粉煤灰；4 号：河南豫联能源集团有限责任公司的电厂粉煤灰；5 号：大唐电厂的粉煤灰），可以看出，5 号粉煤灰粒径分布均较宽，其中 3 号、4 号和 5 号粉煤灰中细灰占比要高于 1 号和 2 号粉煤灰。2 号粉煤灰粒径远远高于其他粉煤灰，这是由于 2 号粉煤灰取自底灰，其他粉煤灰取自飞灰，底灰的粒径要远远高于飞灰。通过图 4.2 对比可以看出过筛前粉煤灰粒径大且分布范围宽，以本章节选取的来自内蒙古上都发电有限责任公司的粉煤灰为例，其中 D50 和 D90 分别为 $54.3\mu m$、$184.6\mu m$。过筛后主要去除了大颗粒粉煤灰，D50 和 D90 分别降为 $20.1\mu m$、$67.97\mu m$，大颗粒粉煤灰的去除有利于后续工段的均匀混合。

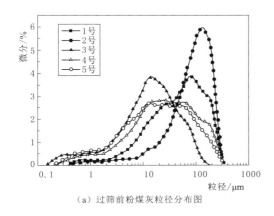
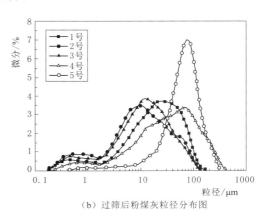

（a）过筛前粉煤灰粒径分布图　　　　　　　　　（b）过筛后粉煤灰粒径分布图

图 4.2　过筛前后不同粉煤灰粒径分布图

由于燃烧不充分，粉煤灰中会存在少量的有机或还原性物质，这些物质的存在一方面会在熔融过程中产生多余气泡，引起喷溅；另一方面会对铂铑坩埚产生腐蚀作用。这里我们将粉煤灰置于 900℃马弗炉中煅烧 20h，以去除粉煤灰中的有机或还原性物质。通常情况下，粉煤灰呈灰色粉末状，其颜色有深浅变化，这种变化不仅与粉煤灰的含水率、细度和含碳量（主要以残余炭粒、半焦和煤粒形式存在）有关，而且还与粉煤灰的化学成分有关。通常情况下，含水率越高、颗粒越粗、含碳量增大均可导致粉煤灰的颜色加深，特别是含碳量，它们影响粉煤灰的整体颜色。这是由于粉煤灰中含有铁元素，经高温煅烧后变成三氧化二铁的缘故，且随着铁元素含量的增加，褐色更加明显。图 4.3 给出了 5 种粉煤灰煅烧前后的照片，煅烧前均为灰色，煅烧后均为褐色。

4.2.2　熔融制度

以粉煤灰作为基础原料，加入 SiO_2、B_2O_3、Na_2O、CaO 和 Al_2O_3 等辅料，将其充分混匀，接下来第一阶段就是熔融，熔融的目的是将非均相固体混合物熔为均相液体混合物。熔融过程中需要对熔融温度和熔融时间进行考察，在保证最终得到的均相液体混合物呈无杂质、无气泡的透明状态的前提下，以最低熔融温度和最短的熔融时间作为最适条件。一般玻璃的熔融过程分为以下 5 个阶段。

　　（a）煅烧前粉煤灰样品照片　　　　　　（b）煅烧后粉煤灰样品照片

图 4.3　煅烧前后不同粉煤灰样品照片

1. 硅酸盐的形成

硅酸盐生成反应在很大的程度上是在固体状态下进行的，配料各组分在加热过程中经过了一系列的物理化学变化，这一过程中大部分气态产物逸散，到这一阶段结束，配料变成了由硅酸盐和剩余 SiO_2 组成的烧结物。

从加热反应看，其变化可归纳为以下几种类型：

（1）多晶转化：如 Na_2SO_4 的多晶转变，斜方晶型-单斜晶型。

（2）盐类分解：如 $CaCO_3 - CaO + CO_2$。

（3）生成低共熔混合物：如 $Na_2SO_4 - Na_2CO_3$。

（4）形成复盐。

（5）生成硅酸盐。

（6）排除结晶水和吸附水。

2. 玻璃的形成

烧结物继续加热时，在硅酸盐形成阶段生成的硅酸钠、硅酸钙、硅酸铝、硅酸镁及反应后剩余的 SiO_2 开始熔融，它们之间相互溶解和扩散，到这一阶段结束时，烧结物变成了透明体，再无未起反应的配料颗粒。但玻璃中还有大量的气泡和条纹，因而玻璃液本身在化学组成上是不均匀的，玻璃性质也是不均匀的。

由于石英砂粒的溶解和扩散速度比其他各种硅酸盐的溶解和扩散速度低得多，所以玻璃形成过程的速度实际上取决于石英砂粒的溶解和扩散速度。石英砂粒的溶解和扩散过程分为两步，首先是砂粒表面发生溶解，而后溶解的 SiO_2 向外扩散。这两者的速度是不同的，其中扩散速度最慢，所以玻璃的形成速度实际上取决于石英砂粒的扩散速度。由此可知，玻璃形成速度与玻璃成分、石英颗粒直径以及熔化温度等因素有关。除 SiO_2 与各硅酸盐之间的相互扩散外，各硅酸盐之间也相互扩散，后者的扩散有利于 SiO_2 的扩散。硅酸盐的形成和玻璃的形成的两个阶段没有明显的界限，在硅酸盐形成阶段结束前，玻璃形成阶段就已经开始。

3. 玻璃液的澄清

玻璃液的澄清过程是玻璃熔化过程中极其重要的一个环节，它与制品的产量和质量有着密切的关系，玻璃液的澄清过程，其实就是气泡浮出过程，该过程与熔融过程生成的气泡量以及熔融液黏度、密度有关。

这里我们分别考察了 1200℃、1300℃、1400℃ 3 个熔融和 1h、2h、3h、4h 4 个熔融

时间，通过观察熔融后样品颜色、透明度（配料溶解情况）、是否有气泡（澄清情况）和裂纹（均化程度），判断熔融效果，从而确定熔融制度。

表 4.1　　　　　　　　　　　　熔融前后玻璃样品特征

时间/h		1				2				3				4			
特征		颜色	透明度	气泡	裂纹	颜色	透明度	气泡	裂纹	颜色	透明度	气泡	裂纹	颜色	透明度	气泡	裂纹
温度/℃	1200	褐色	透明	大量	严重	褐色	透明	大量	严重	褐色	透明	大量	严重	褐色	透明	大量	严重
	1300	褐色	透明	少量	轻微	褐色	透明	少量	轻微	褐色	透明	少量	轻微	褐色	透明	少量	轻微
	1400	褐色	透明	微量	无	褐色	透明	微量	无	褐色	透明	微量	无	褐色	透明	微量	无

从表 4.1 中可以看出，所有母玻璃均呈褐色透明状，说明以上熔融制度均可实现玻璃的初步形成，其差异主要体现在样品内部或表面的气泡量和淬冷后样品的裂纹情况。当熔融温度为 1400℃，熔融时间为 2h 时，可获得无气泡且无明显裂纹的母玻璃，表明该熔融制度下，玻璃液得以充分均化和澄清。因此最终选择 1400℃ 下熔融 2h 作为适宜熔融制度。

4.2.3　热处理制度

玻璃分相过程是指在一定温度下对玻璃进行热处理，致使玻璃内部质点偏移形成化学成分不同的两个相。热处理制度主要包括热处理温度和热处理时间，其中热处理温度的下限为玻璃化转变温度，上限为熔融温度，而热处理时间则无限制。非晶聚物有玻璃态、高弹态和黏流态 3 种力学状态，在温度较低时，材料为刚性固体状，与玻璃相似，在外力作用下只会发生非常小的形变，此状态即为玻璃态；当温度继续升高到一定范围后，材料的形变明显地增加，并在随后的一定温度区间形变相对稳定，此状态即为高弹态；温度继续升高形变量又逐渐增大，材料逐渐变成黏性的流体，此时形变不可能恢复，此状态即为黏流态。我们通常把玻璃态与高弹态之间的转变，称为玻璃化转变，它所对应的转变温度即是玻璃化转变温度，或是玻璃化温度。图 4.4 为母玻璃样品 A 的热重-差热分析曲线，可初步确定母玻璃样品 A 的玻璃化转变温度为 500℃ 左右，其熔融温度为 950℃ 左右，值得注意的是随着样品组成的变化，其玻璃化转变温度和熔融温度也会发生变化。

热处理制度的建立还要考虑玻璃的析晶问题。玻璃处于介稳状态，在一定条件下存在着自发地析出晶体的倾向，这种出现晶体的现象叫做析晶，又称失透或反玻璃化，很显然我们在制备多孔玻璃的过程中需要避免析晶现象。图 4.5 分别给出了 825℃、850℃、875℃ 和 900℃ 下热处理 24h 后获得的分相玻璃的 XRD 图像，从图中可以看出，900℃ 下热处理 24h 后，分相玻璃的 XRD 图像出现微弱的析晶峰，表明此时玻璃内部发生了析晶现象。因此结合热重-差热数据，我们初步确定热处理温度范围为 520~900℃，热处理时间随热处理温度以及目标分相产物而定。

经过热处理后，体系内部经过一定的分相过程，生成互不相溶的两相结构。图 4.6 是 700℃ 下热处理 24h 后样品 A 的 SEM-EDS 图像，从图中可以看出，两相互为连续相，其中 Ca、Fe、Na 主要分布在酸可溶相，Si、Al、Na 主要分布在酸不可溶相。值得注意的是将以 $B_2O_3-CaO-Fe_2O_3-Na_2O$ 酸可溶相去除后，将形成具有连续孔道和连续骨架结构的以 $SiO_2-Al_2O_3$ 为主要成分的多孔玻璃材料。

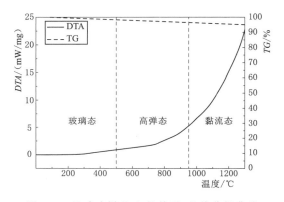

图 4.4 母玻璃样品 A 的热重-差热分析曲线

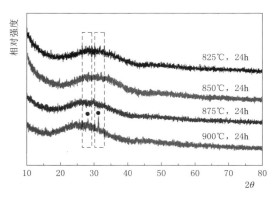

图 4.5 不同温度热处理 24h 后样品 A 的 XRD 图

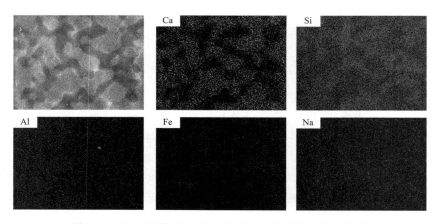

图 4.6 700℃下热处理 24h 后样品 A 的 SEM - EDS 图像

4.2.4 酸浸碱溶制度

酸浸析是利用酸性溶液将分相玻璃中的酸可溶相溶出，从而形成具有连续孔道和连续

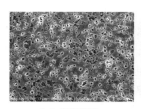
（a）表面结构

（b）内部结构

图 4.7 粉煤灰多孔玻璃 A - 730 - 24 的 SEM 图

骨架结构的以 $SiO_2 - Al_2O_3$ 为主要成分的多孔玻璃材料。图 4.7 是样品 A 经过 730℃、24h 热处理并去除可溶相后的表面和内部结构电镜图，可以看出经过热处理后，在样品表面形成了以酸不可溶相为主的致密层。这是由于样品表面的 B_2O_3、Na_2O 在热处理过程中不断挥发，在表面形成了以 $SiO_2 - Al_2O_3$ 为主的致密层。致密层的存在将影响酸可溶相的溶出过程，因此热处理后需要经过第一次碱浸，碱浸的目的是利用碱性溶液将分相玻璃表面的以 $SiO_2 - Al_2O_3$ 为主的致密层去除，从而有利于后续酸浸过程的进行。

用酸处理分相玻璃以溶出可溶相时常出现溶崩而得不到完整的块状或者最后得到的多孔玻璃强度小，易碎裂，致使其在应用上受到限制。当硼硅酸盐基体玻璃分相后，玻璃由于组成分布和离子扩散溶胀速度不同，使其在浸析过程中产生应力变化，其原因有以下几点：①两相的热膨胀系数不一致，因此分相冷却后产生应力，在可溶相被溶出的过程中，产生的热应力被释放出来；②当可溶相溶出后形成新的表面使界面自由能增大；③在浸析过程中离子交换引起的应力。假设酸浸析过程中，酸浓度降低幅度可忽略不计，浸出速率可用以下两种模型描述：

（1）酸可溶相界面处的浸出反应决定整个浸出过程。

$$\alpha = k_1 t \tag{4.1}$$

（2）反应物的扩散速率决定整个浸出过程。

$$\alpha = k_2 t^{1/2} \tag{4.2}$$

式中：α、t 分别为表观反应速率和浸出时间；k_1、k_2 分别为两种模型的速率常数。

当多孔玻璃膜的孔径较小时，表观反应速率在较低温度范围内与浸出时间成正比，而在较高温度范围内与浸出时间的平方根成正比，此时浸出过程为扩散控制过程。浸析后期，由于酸可溶相中含有 SiO_2（图 4.8）胶体沉积在孔道中，使反应物在孔隙中的扩散受到限制，从而表现为扩散控制，该过程更易发生溶崩现象。因此在处理小孔径多孔玻璃时，酸浸析温度不宜过高。

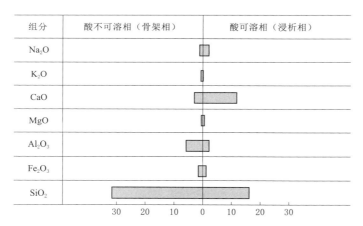

图 4.8　分相玻璃 A - 700 - 24 中各组分的分布情况

在浸析过程中，存在于 B_2O_3 - CaO - Fe_2O_3 - Na_2O 富集相中的 SiO_2 没有溶解，而是以胶体的状态残留在孔道中。为了得到原始相分离结构，需要将 SiO_2 胶体从孔道中去除，其中最有效的去除方法是碱泡法，即酸浸后的多孔玻璃需要经过第二次碱溶以去除孔道中的 SiO_2 胶体。

综上所述，以粉煤灰作为基础原料制备具有均一贯通孔结构的多孔玻璃需经过以下步骤（图4.9）：

（1）粉煤灰筛分（120 目筛）和煅烧（900℃，20h）去除大颗粒粉煤灰和有机或还原性物质。

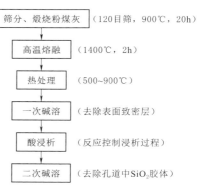

图 4.9　均一贯通孔结构粉煤灰
多孔玻璃的制备工艺

（2）1400℃下熔融 2h 得到均化澄清的母玻璃。

（3）500～900℃下热处理若干时间得到分相玻璃。

（4）第一次碱溶去除表面致密层。

（5）酸浸析溶出酸可溶相，注意处理小孔径多孔玻璃时，为避免溶崩现象，应选择较低浸析温度。

（6）第二次碱溶去除孔道中沉积的 SiO_2 胶体。具体操作参数根据原料组成和目标结构而定。

4.2.5 均一贯通孔结构粉煤灰多孔玻璃的工艺

（1）母玻璃的制备：将一定配比的粉煤灰（经过特定工艺预处理）、氧化钙（CaO）、氧化硼（B_2O_3）、无水碳酸钠（Na_2CO_3）、石英砂等混合均匀，然后放入铂铑坩埚，并置于马弗炉中 1400℃熔融 2h。接着将熔融后的玻璃液倒入石墨模具中淬冷，待其成型后取出，得到母玻璃。母玻璃原料配比见表 4.2。

表 4.2 母玻璃 A 成分组成

成分	SiO_2	B_2O_3	Na_2O	CaO	Al_2O_3	Fly ash
质量比/%	46.83	21.99	5.88	20	5.3	29.59

（2）母玻璃分相：玻璃分相过程是指在一定温度下对玻璃进行热处理，致使玻璃内部质点偏移形成化学成分不同的两个相。将母玻璃置于 500～800℃马弗炉中热处理 4～70h，母玻璃失透，表明玻璃内部发生了分相。本章样品编号规则为组成编号-热处理温度（℃）-热处理时间（h），例如 700℃下热处理 24h 样品 A 的编号为 A-700-24。

（3）去除可溶相：将分相好的玻璃分别进行第一次碱浸、酸溶和第二次碱浸处理。其中第一次碱浸目是去除分相过程中由于 B_2O_3、Na_2O 相挥发在表面形成的 SiO_2-Al_2O_3 致密层；酸溶目的是去除 B_2O_3-CaO-Fe_2O_3-Na_2O 酸可溶相；第二次碱浸目的是去除酸溶后在孔道中形成的 SiO_2 胶体。具体步骤如下：

1）第一次碱浸：将分相玻璃粉碎后，置于 4 mol/L 的 NaOH 溶液中，110℃下保持 5h，期间通过不断震荡，加速传质过程。第一次碱浸结束后用去离子水超声清洗 5 次，置于烘箱中干燥。

2）酸溶：将经过第一次碱浸后的玻璃样品置于 0.5mol/L 的盐酸溶液中，30℃下保持 24h，期间通过不断震荡，加速传质过程，其中 1g 样品量对应 100 mL 盐酸溶液。酸溶过程中样品逐渐失透，由深棕色变为纯白色，将得到的白色玻璃样品分别用去离子水和乙醇超声清洗各 5 次，置于烘箱中干燥。

3）第二次碱浸：将经过酸溶后的白色玻璃样品置于 0.1mol/L 的 NaOH 溶液中，30℃下保持 2h。然后分别用去离子水和乙醇超声清洗各 5 次，置于烘箱中干燥。经过碱浸、酸溶和碱浸步骤后，得到白色多孔玻璃。

4.2.6 均一贯通孔结构粉煤灰多孔玻璃表征

遵循以上工艺制度，可制得具有均一贯通孔结构的粉煤灰多孔玻璃。如图 4.10 所示，粉煤灰多孔玻璃具有三维连续骨架和近椭圆形均一贯通孔结构，这一特殊结构有利于膜乳化过程中膜表面乳滴的形成和脱离，因此该膜材在膜乳化技术中具有良好的应用前景。除了膜孔微观结构以外，膜孔尺寸大小和分布，膜孔隙率和表面性质均是影响膜乳化结果的关键因素。从图4.11中可以看出粉煤灰多孔玻璃孔径分布较窄（$C.V.=14.9\%$），有利于均一乳液的形成。表4.3给出了粉煤灰多孔玻璃的结构参数。较低的孔隙率（62.85%）降低了乳液滴形成之后发生碰撞融合的可能性。

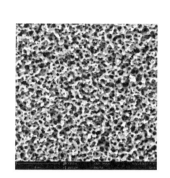

图 4.10　粉煤灰多孔玻璃
A－700－24 的 SEM 图

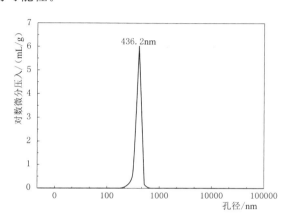

图 4.11　粉煤灰多孔玻璃 A－700－24
的孔径分布图

表 4.3　　　　　　　　　　　　　　粉煤灰多孔玻璃膜的结构参数

样品编号	平均孔径 /nm	孔隙率 /%	孔容 /(cm³/g)	比表面积 /(m²/g)
A－700－24	493	62.85	6.04	6.22

从图4.12可以看出，水与粉煤灰多孔玻璃表面的接触角为0°，表明其表面亲水。在膜乳化技术中，膜必须能被连续相润湿，因此粉煤灰多孔玻璃可直接用于 O/W 乳体系，当用于 W/O 体系时，需要对其表面进行疏水修饰。表4.4给出了粉煤灰多孔玻璃组成，其骨架主要由 SiO_2（80.3 wt%）、Al_2O_3（11.1 wt%）组成，与高硅多孔玻璃相比，Al_2O_3 的加入将大大提高玻璃的耐腐蚀性。

4.2.7　小结

我们选取内蒙古上都发电有限公司所产生的粉煤灰作为基础原料，针对均一贯通孔结构粉煤灰多孔玻璃制备工艺进行系统研究，包括：粉煤灰预处理制度、熔融制度、热分相制度以及酸浸碱溶制度，初步建立合理的粉煤灰多孔玻璃制备工艺，并对制备得到的粉煤灰多孔玻璃的物化特性进行详细表征。主要结论如下：

图 4.12　粉煤灰多孔玻璃
A－700－24 表面与
水接触角光镜图

表 4.4　　　　　　　　　　　粉煤灰多孔玻璃 A－700－24 组成

成分	SiO_2	Al_2O_3	CaO	Na_2O	Fe_2O_3	K_2O
质量比/%	80.3	11.1	5.6	1.3	1.3	0.5

（1）系统研究了粉煤灰预处理制度、熔融制度、热分相制度以及酸浸碱溶制度：考虑到玻璃液的均化与澄清情况，选择熔融温度为 1400℃，熔融时间为 2h；母玻璃热分相温度应介于玻璃转化温度 500℃和熔融温度 950℃之间，考虑到母玻璃在 900℃时易发生析晶现象，热处理温度应介于 500℃和 900℃之间；浸析后期，由于 SiO_2 胶体沉积在孔道中，使反应物在孔隙中的扩散受到限制，从而表现为扩散控制，该过程更易发生溶崩现象。因此在处理小孔径多孔玻璃时，酸浸析温度不宜过高。

（2）初步建立合理的粉煤灰多孔玻璃制备工艺：①粉煤灰筛分（120 目筛）和煅烧（900℃，20h）去除大颗粒粉煤灰和有机或还原性物质；②1400℃下熔融 2h 得到均化澄清的母玻璃；③500～900℃下热处理若干时间得到分相玻璃；④第一次碱溶去除表面致密层；⑤酸浸析溶出酸可溶相，注意处理小孔径多孔玻璃时，为避免溶崩现象，应选择较低浸析温度；⑥第二次碱溶去除孔道中沉积的 SiO_2 胶体。

（3）粉煤灰多孔玻璃的物化特性表征：粉煤灰多孔玻璃具有三维连续骨架和近椭圆形贯通孔结构，有利于膜乳化过程中膜表面乳滴的形成和脱离；孔径分布较窄（$C.V.=$ 14.9%），孔隙率不高（62.85%）有利于均一乳液的形成；表面亲水，可直接用于 O/W 体系；骨架主要由 SiO_2（80.3 wt%）、Al_2O_3（11.1 wt%）组成，具有一定的耐腐蚀性。

参 考 文 献

［1］　佚名. 国家发改委等部门鼓励高附加值利用粉煤灰［J］. 中国煤炭，2013，39（1）：98.
［2］　侯芹芹，张创，赵亚娟，等. 粉煤灰综合利用研究进展［J］. 应用化工，2018，47（6）：1281－1284.
［3］　Luo Y，Wu Y，Ma S，et al. Utilization of coal fly ash in China：a mini－review on challenges and future directions［J］. Environmental Science and Pollution Research，2021，24（4）：1－14.
［4］　Sahu S，Teja P，Sarkar P，et al. Variability in the Compressive Strength of Fly Ash Bricks［J］. Journal of Materials in Civil Engineering，2019，31（2）：06018024.1－06018024.10.
［5］　庞文台. 掺合粉煤灰的复合水泥土力学性能及耐久性试验研究［D］. 呼和浩特：内蒙古农业大学，2013.
［6］　周忠华. 高掺量无烟煤粉煤灰烧结砖的研究［J］. 砖瓦，2020（5）：3.
［7］　戴晶晶. 贵州省公路沿线粉煤灰筑路适用性研究［D］. 重庆：重庆交通大学，2014.
［8］　江丽珍，朱文尚，杜勇. GB/T 1596—2017《用于水泥和混凝土中的粉煤灰》新标准介绍［J］. 水泥，2018，490（03）：59－62.
［9］　雷瑞，付东升，李国法，等. 粉煤灰综合利用研究进展［J］. 洁净煤技术，2013，19（3）：106－109.
［10］　赵志方，张广博，施韬. 超高掺量粉煤灰大体积混凝土早龄期热膨胀系数［J］. 水力发电学报，2019，38（6）：8.
［11］　张建. 不同粉煤灰掺量对混凝土路基防水性能的影响研究［J］. 中国建筑防水，2021（4）：13－18.
［12］　伊元荣，郑曼迪，杜昀聪. 粉煤灰吸附净化含铅废水实验研究［J］. 环境监测管理与技术，2018，30（2）：5.
［13］　龚真萍. 沸石化粉煤灰对染色废水处理效果研究［J］. 山东纺织科技，2020，61（1）：4.
［14］　孙联合，郭中义，孔子明. 砂姜黑土区夏芝麻施用粉煤灰磁化肥增产效应研究［J］. 现代农业

科技，2010（6）：2.

[15] Flores C G，Schneider H，Marcilio N R，et al. Potassic zeolites from Brazilian coal ash for use as a fertilizer in agriculture [J]. Waste Management，2017，70（dec.）：263－271.

[16] Baek C，Seo J，Choi M，et al. Utilization of CFBC Fly Ash as a Binder to Produce In－Furnace Desulfurization Sorbent [J]. Sustainability，2018，10（12）：4854.

[17] Valeev D，Kunilova I，Alpatov A，et al. Complex utilisation of ekibastuz brown coal fly ash：Iron & Carbon separation and aluminum extraction [J]. Journal of Cleaner Production，2019，218：192－201.

[18] Binici H，Aksogan O. Engineering properties of insulation material made with cotton waste and fly ash [J]. Journal of Material Cycles and Waste Management，2015，17（1）：157－162.

[19] Font O，Querol X，Angel López－Soler，et al. Ge extraction from gasification fly ash [J]. Fuel，2005，84（11）：1384－1392.

[20] Tripti，Kumar A，Usmani Z，et al. Biochar and fly ash inoculated with plant growth promoting rhizobacteria act as potential biofertilizer for luxuriant growth and yield of tomato plant [J]. Journal of Environmental Management，2016，190（2017）：20－27.

[21] Basu M，Bhadoria P B S，Mahapatra S C. Can fly ash，an industrial waste，improve agricultural productivity? An investigation with a perennial grass in a acid lateritic soil [J]. Tropical Agriculture，2010，87（4）：158－167.

[22] Hood H P，Nordberg M E. Method of treating borosilicate glasses [P]. US：2286275，1942.

[23] Carteret C，Burneau A. Effect of heat treatment on boron impurity in Vycor. Part I. Near infrared spectra and abinitio calculations of the vibrations of model molecules for surface boranols [J]. Physical Chemistry Chemical Physics，2000，2（8）：1747－1755.

[24] 黄光锋，卢安贤. 多孔玻璃应用研究的新进展 [J]. 玻璃与搪瓷，2006（04）：49－52.

[25] 黄熙怀，凌平. 掺 Ce^{3+}/Mn^{2+}、Ce^{3+}/Tb^{3+}、Ce^{3+}/Sm^{3+} 高硅氧玻璃的光谱 [J]. 特种玻璃，1990.7（4）：1－5.

[26] Shigeo，Ogawa，Jiro，et al. Optically observed imbibition and drainage of wetting fluid in nanoporous Vycor glass [J]. Journal of the Optical Society of America. A，Optics，image science，and vision，2015，32（12）：2397－2406.

[27] 吴云，孟中岸，袁绥华. 掺稀土多孔硅基光放大复合玻璃研究 [J]. 材料研究学报，1995，9（2）：3.

[28] Zhou X Q，Lin F Y，Gan F X，et al. Luminescent properties of Eu3＋－doped yttrium oxide chloride embedded in nanoporous glass [J]. Chinese Physics Letters，2002.19（11）：1672－1674.

[29] 谢康，周永恒. Co/Ce 共掺杂高硅氧玻璃的制备和光谱性能 [J]. 硅酸盐学报，2001.29（5）：496－499.

[30] Zhou，S.，Jiang，N.，Zhu，B.，et al. Multifunctional bismuth－doped nanoporous silica glass：from blue－green，orange，red，and white light sources to ultra－broadband infrared amplifiers [J]. advanced functional materials，2008.18（9）：1407－1413.

[31] Izumi K，Utiyama M，Maruo Y Y，et al. Colorimetric NOx sensor based on a porous glass－based NO_2 sensing chip and a permanganate oxidizer [J]. Sensors & Actuators B Chemical，2015，216（9）：128－133.

[32] Lakhkar N. J.，Park J. H.，Mordan N. J.，et al. Titanium phosphate glassmicrospheres for bone tissue engineering [J]. Acta biomaterialia，2012，8（11）：4181－4190.

[33] Vitale－Brovarone C.，Ciapetti G.，Leonardi E.，et al. Resorbable Glass－Ceramic Phosphate－based Scaffolds for Bone Tissue Engineering：Synthesis，Properties，and In vitro Effects on Hu-

man Marrow Stromal Cells [J]. Journal of Biomaterials Applications，2011，26（4）：465 – 89.

[34] Vladisavljevi G. T. Preparation of microemulsions and nanoemulsions by membrane emulsification [J]. Colloids and Surfaces A Physicochemical and Engineering Aspects，2019，579：123709.

[35] Sato，Mayu，Akamatsu，et al. Preparation of uniform – sized hemoglobin – albumin microspheres as oxygen carriers by Shirasu porous porous glass emulsification technique [J]. Colloids and Surfaces，B. Biointerfaces，2015，127：1 – 7.

[36] ŠPAK M，Raschman P. Mechanical properties of mortars prepared by alkali activated fly ash coming from different production batches [J]. Solid State Phenomena，2015，244，144 – 145.

[37] 徐岩. 粉煤灰基多孔玻璃微珠研制 [J]. 非金属矿，2006，29（5）：31 – 33.

第 5 章　多孔材料在膜乳化技术中的应用

5.1　膜乳化技术及多孔膜的研究现状

5.1.1　膜乳化技术概述

近 20 多年来，膜乳化作为一种崭新的单分散乳液制备技术受到各国学者的广泛关注，并得到了迅速发展。与传统乳液制备技术相比，膜乳化技术具有能耗低、颗粒制备条件温和、制备颗粒粒径均一、操作简便和易于放大等优点。近几年，该技术被广泛应用于化妆品行业、食品行业、药物载体制备及分离介质制备等多个研究领域[1]。根据液滴形成方式的不同，本实验室把膜乳化技术分为直接膜乳化（Direct membrane emulsification，DME）和预混膜乳化（Premix membrane emulsification，PME），其中预混膜乳化又称快速膜乳化。下文将分别对直接膜乳化和快速膜乳化进行概述。

5.1.1.1　直接膜乳化

图 5.1 是直接膜乳化原理与液滴形成过程中的受力示意图[2-4]。分散相在一定压力作用下通过微孔膜，在膜孔出口处形成液滴并逐渐长大，最后脱离膜孔进入连续相中。这个过程中液滴受到的作用力有：①界面张力 F_γ，使液滴黏附在膜孔处的作用力；②跨膜压力 F_{SP}，膜表面分散相与连续相的压力差；③流动曳力 F_D，产生于与膜表面平行的连续相的剪切力；④动升力 F_L，液滴周围连续相的不对称流动产生的作用力；⑤浮力 F_B，产生于连续相和分散相之间的密度差；⑥内力 F_I，产生于液滴生长过程中分散相的流动。其中界面张力、连续相流动曳力和跨膜压力是主要作用力。

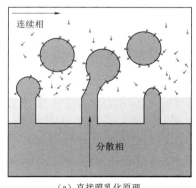
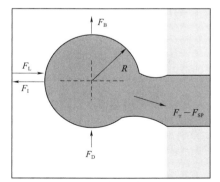

（a）直接膜乳化原理　　　　　　　　　（b）液滴受力

图 5.1　直接膜乳化原理与液滴形成过程受力示意图

如图 5.2 所示，根据连续相流动方式不同，直接膜乳化装置可设计为两种：搅拌乳化装置和错流乳化装置。搅拌乳化中，液滴脱离的作用力主要来源于连续相在慢速搅拌下形成漩涡流而产生的切向剪切应力。搅拌乳化的设备简单，且分散相和连续相用量小，因此常用于实验室研究[5-6]。错流乳化中，液滴脱离的作用力主要来源于连续相错流运动产生的剪切力，其设备较为复杂，膜管长度通常在 10 cm 以上，且膜管越长越有利于均一乳液的形成[7]。连续相错流乳化具有处理量大、制备效率高、剪切场均匀等优点，适合于中试和工业规模的大型膜乳化装置。

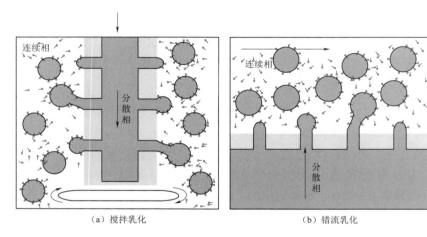

（a）搅拌乳化　　　　　　　　　（b）错流乳化

图 5.2　直接膜乳化的两种形式

　　直接膜乳化的特点是制备条件非常温和、能耗小，液滴粒径大小取决于膜孔大小和形状[8]，适合制备对剪切力敏感的并且粒径尺寸在 $5\,\mu m$ 以上的乳液。直接膜乳化分散相的处理量一般为 $0.01\sim0.1\,m^3/(m^2\cdot h)$，通量越高，制备的乳液粒径分布越宽[9]。

5.1.1.2　快速膜乳化

　　如图 5.3 是快速膜乳化基本原理示意图。在过膜过程中，粒径分布不均一的初乳在膜孔的破碎作用下，粒径变小，同时粒径分布变窄。经过一定次数的过膜操作后，最终形成均一乳液。其中液滴被破碎的程度取决于过膜过程中受到的剪切力：

$$P=\frac{8\eta_e J\xi}{\varepsilon d_m} \tag{5.1}$$

式中：η_e 为膜孔内乳液的平均黏度；ξ 为孔的弯曲参数；ε 为平均孔隙率；d_m 为平均孔径；J 为跨膜流量。

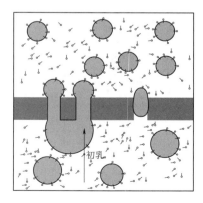

图 5.3　快速膜乳化原理示意图

　　如图 5.4 所示，Zwan[10] 等通过观察微孔道内快速膜乳化过程，初步给出了以下几种液滴破碎方式：①在连续相的液流剪切力下，液滴被破碎成比膜孔径还小的液滴；②在孔道分支处，由于分流的产生，液滴变形，进入不同支道，从而分成两个液滴，液滴尺寸取决于两个通道的流速；③在孔道内，液滴会随着孔道的形状变化而产生变形，由于界面张力不稳定性和 Laplace 不稳定性导致液滴破碎；④由于液滴的空间位阻导致的液滴破碎。孔道中分散相的体积含量常常高于预乳液中分散相的体积含量，液滴间距离很近，因此液滴之间会产生空间位阻效应，从而导致液滴破碎。

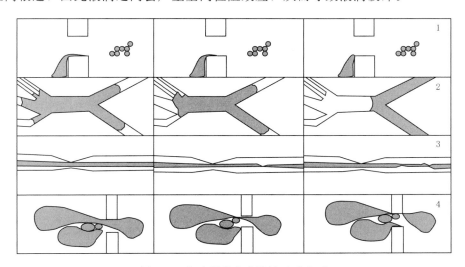

图 5.4　快速膜乳化中液滴破碎方式

和直接膜乳化法相比，快速膜乳化法具有以下几个特点：①处理量大，可达 $1m^3/(m^2 \cdot h)$，比直接膜乳化法的处理量高出 1～2 个数量级；②适于制备纳米-微米级的小粒径乳液；③装置简单，易于放大。快速膜乳化法制备的乳液粒径分布相对略宽。此外，膜材在使用过程中易被污染，尤其是在使用蛋白类乳化剂时，这些乳化剂容易吸附聚集在膜内部的孔道中，导致有效孔下降，处理量也随之降低[11-12]。

5.1.2　膜参数对膜乳化过程的影响

作为膜乳化技术的核心部件，多孔膜是影响膜乳化结果的关键因素。其中膜孔大小、膜孔径分布、膜孔隙率、膜表面性质以及膜孔类型均是影响膜乳化结果的关键因素。

1. 膜孔径是控制乳液粒径大小的决定性因素

在直接膜乳化中，乳液的平均粒径 $\overline{d}_d$ 与膜孔径 $\overline{d}_p$ 存在如下关系：

$$\overline{d}_d = c\overline{d}_p \qquad (5.2)$$

其中 c 是常数，对于 SPG 膜，根据操作条件不同，c 可取 2～10[1]。c 值与膜材选择、体系组成、操作条件等有关。对于非 SPG 的其他种类的膜，c 的取值较高，一般为 3～50（表 5.1）。

在快速膜乳化中，随着膜孔径的增大，乳液平均粒径与膜孔径的比值会逐渐下降。此外，其比值与操作条件和膜件性质有关。Vladisavljević 等[13] 研究发现，当 SPG 膜孔径由 $5.4\mu m$ 增加到 $20.3\mu m$ 时，利用快速膜乳化制备微球的平均粒径与膜孔径的比值由 1.51 降至 0.98。

2. 膜孔径分布是影响乳液粒径均一性的一个重要参数

Zhou 等[14] 分别用孔径分布不均一的聚乙烯（PE）膜（$C.V. = 101.8\%$）和孔径分布均一的 SPG 膜（$C.V. = 21.9\%$）通过直接膜乳化法和快速膜乳化法制备琼脂糖微球。

表 5.1　不同膜材条件下膜乳化过程参数[28]

膜孔径 $r/\mu m$	连续相 1，分散相 2	壁剪切力 τ_w，错流黏度 υ，压力 P，流量 J_d	液滴表征，液滴直径/孔直径：$\overline{d}_d/\overline{d}_p$
$7\mu m$ 微滤膜[29]	1：水＋吐温 20 2：苏丹红着色的正十六烷	$P=5\sim14kPa$ $\upsilon=0.011\sim0.039m\cdot s^{-1}$ $J_d=200\sim2500dm^3\cdot m^{-2}\cdot h^{-1}$	O/W $7\sim36$
$0.6\mu m$ 溶胶凝胶膜[30]	1：水＋硅胶 2：甲苯＋去水山梨糖醇月桂酸酯	$P=15kPa$ $J_d=0.53dm^3\cdot m^{-2}\cdot s^{-1}$	O/W 5
$0.2\mu m$、$0.5\mu m$ α-铁钒土 and $0.1\mu m$ 氧化锆涂层膜[31]	1：植物油＋Dimodan DVP 2：脱脂牛奶	$P=20\sim40kPa$ $\tau_w=5\sim140Pa$ $J_d=0\sim200dm^3\cdot m^{-2}\cdot h^{-1}$	O/W $12\sim75$
$10\mu m$ 聚碳酸酯膜[32]	1：水＋SDS or 吐温 20 or TOMAC or PGFE 2：豆油	$\upsilon=0.023\sim0.54m\cdot s^{-1}$	O/W $1\sim7$
$0.2\mu m$、$0.8\mu m$ 氧化铝膜[33]	1：水＋SDS or LEO 10 or 吐温 20 or Lacprodan 60 2：植物油	$P=0.5\sim5.5bar$ $\tau_w=0\sim37Pa$ $J_d=1\sim40dm^3\cdot m^{-2}\cdot h^{-1}$	O/W $3\sim50$
$0.1\sim3\mu m$ 氧化铝膜[34]	1：水＋SDS or 吐温 20 2：植物油	$P=0.7\sim3\ 105Pa$ $\tau_w=0\sim140Pa$ $J_d=1\sim40dm^3\cdot m^{-2}\cdot h^{-1}$	O/W $4\sim40$
$0.4\mu m$ 聚丙烯中空纤维[27]	1：矿物油＋聚乙二醇聚酰亚胺 2：水	$P=30\sim80kPa$ $J_d=0\sim3.5dm^3\cdot m^{-2}\cdot h^{-1}$	W/O 4.5
$0.2\sim0.5\mu m$ 陶瓷膜[17]	1：水＋三乙醇胺＋sodium Nipastat 2：矿物油＋异硬脂酸 or 1：水＋山梨糖醇＋多巴酚＋福尔马林 2：矿物油	$\upsilon=1\sim5m\cdot s^{-1}$ $P=1.4\sim2.8\times10^5kPa$ $J_d=20dm^3\cdot m^{-2}\cdot h^{-1}$	O/W 2.8

结果表明在直接膜乳化中，膜孔径分布的均一性对膜乳化结果有显著影响，膜孔径分布越窄，制备乳液粒径越均一。而在快速膜乳化中，乳化结果主要取决于膜孔道的弯曲程度以及分支情况，膜孔径分布对乳化结果的影响并不显著。

　　3. 膜乳化技术中膜孔隙率与乳化结果密切相关

　　Kobayashi 等[15] 利用微孔筛板进行乳化时发现，筛板孔隙率越高，孔与孔之间距离越小，液滴形成之后发生碰撞融合的可能性越大，最终乳液的均一性越差。Abrahamse 等[16] 观察了氮化硅筛板膜表面液滴的生成过程，发现尽管膜的孔径大小均一，但制备的乳液呈多分散性。如图 5.5 所示，观察结果显示新生成的液滴会受到相邻空间内液滴的排斥阻隔作用，因此提前脱离膜孔，使得液滴粒径下降同时分布变宽。SPG 膜的孔隙率虽然较高，约为 50％～60％，但其孔道呈弯曲的类椭圆柱状，且彼此交织并向四周延展，当部分孔道被活化后开始生成液滴时，将抑制周围孔继续活化生成液滴，因而仍然可以成功制备粒径均一的液滴。在快速膜乳化过程中，液滴尺寸取决于液滴在过膜过程中被破碎的程度，根据式（5.1），孔隙率越大，对液滴的破坏程度越大，得到的液滴尺寸越小。此外，由于膜孔隙率变化而造成的乳液流速的变化也会影响膜乳化结果。

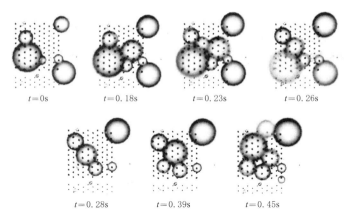

$t=0\text{s}$ $t=0.18\text{s}$ $t=0.23\text{s}$ $t=0.26\text{s}$

$t=0.28\text{s}$ $t=0.39\text{s}$ $t=0.45\text{s}$

图 5.5 筛板膜表面液滴空间位阻现象

4. 膜表面的亲疏水性对乳液粒径的均一性有非常重要的影响

在膜乳化过程中，膜材表面的亲疏水性必须与连续相一致。这意味着亲水性膜适合制备 O/W 型乳液，而疏水性膜适合制备 W/O 型乳液。若将亲水和疏水的 SPG 膜分别用于制备 W/O 型和 O/W 型乳液[17]，会造成制备得到的液滴粒径分布变宽。一方面分散相润湿 SPG 膜后发生泄漏，生成比膜孔径还小的液滴。另一方面分散相在膜表面发生了铺展，生成大粒径的液滴。膜壁接触角是表征连续相能否润湿膜孔的重要指标。如图 5.6 所示，当膜壁接触角过小时，液滴在与膜孔的接触区域发生铺展，使液滴在膜孔表面滞留时间增长，从而导致多分散大液滴的出现。膜壁接触角越大越有利于单分散和粒径较小的液滴的生成[18]。

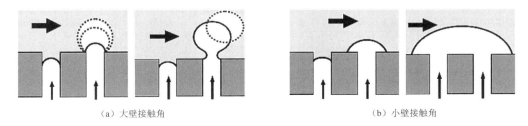

（a）大壁接触角   （b）小壁接触角

图 5.6 膜壁接触角对乳液生成的影响

5. 膜孔形状对乳化结果有着重要影响

在直接膜乳化中，液滴的形成与液滴从膜孔表面的脱离均与表面膜孔形状有很大关系。因此对于直接膜乳化，膜孔形状对膜乳化结果影响非常大。Kabayashi 等[19] 利用显微镜观察研究了不同膜孔形状对液滴形成过程的影响。发现在当量直径为 $10\mu\text{m}$ 的圆柱形直通孔内，液滴很难脱离，直至长大至 $100\mu\text{m}$ 时才在连续相的剪切下脱离。该过程中制备液滴平均粒径大小主要取决于连续相的剪切力，由于剪切场的不稳定性，因此很难形成单分散乳液。而对于当量直径为 $17.3\mu\text{m}$ 的狭长孔，液滴长至 $32.5\mu\text{m}$ 时即可脱离，制备乳液粒径非常均一。实验还发现，连续相流速在一定范围内时（0～9.2mm/s），液滴的平均粒径和分布均不受连续相流速的影响；而跨膜压力在一定范围内时（1.8～

10.8kPa），液滴的平均粒径和分布也与分散相压力无关。即使连续相流速为零时，也可制备出单分散微球，这一结果表明椭圆孔中液滴的形成是自发进行的。

Nazir 等[20] 等研究了快速膜乳化中膜孔形状对乳化结果的影响，结果发现在较大的跨膜压力下（200kPa），尽管矩形膜孔尺寸（$7.1\mu m \times 413.2\mu m$）远远大于方形膜孔（$4\mu m \times 4\mu m$），但矩形膜孔制备得到的乳液平均粒径（$5.0\mu m$）小于方形膜孔制备的乳液的平均粒径（$9.5\mu m$），这是由于膜孔形状影响了液滴的破碎机制。流体实验结果显示，对于矩形膜孔，惯性力促进了液滴间的碰撞，对液滴的破碎起到了重要作用；而对于方形膜孔，由于 Laplace 不稳定性，液滴自发破碎。

5.1.3 多孔膜在膜乳化技术中的应用

近 20 多年来，膜乳化技术受到各国学者的广泛关注，并得到了迅速发展。膜材的选择也由 SPG 膜[21] 拓展到多种有机和无机膜。陶瓷类膜有 Al_2O_3 膜[1-22] 和 Zr_2O_3 膜[19-23]；高分子聚合物类有聚四氟乙烯（PTFE）膜[24-25]、聚碳酸酯膜[19]、聚乙烯膜[14] 和聚丙烯膜[13] 等，此外还有金属类镍筛板膜[26]、不锈钢筛板膜[27] 和以硅材料为基质的氮化硅筛板膜[16]、微通道（MC）芯片膜[28-29]。这些膜的基本特征见表 5.2。但在这些膜材中，膜乳化技术最常用的仍是 SPG 膜。

表 5.2　　　　　　　　　　　　用于膜乳化研究的膜材基本特征

膜	$d_p/\mu m$	S.D.	ε	润湿性	结构	$d_m/\mu m$
SPG[30]	0.05～50	<15%	0.5～0.6	W	IS	700－100
α-Al_2O_3[2-22]	0.2～3	—	0.35	W	IA	20－40
氧化锆[23]	0.02～0.1	—	0.6	W	IA	8
PTFE[24-25]	0.5～5	—	0.79	W/O	IS	35－75
聚碳酸酯[15]	0.05～12	小	0.05～0.2	W	P	10－22
聚乙烯[14]	—	大	—	O	IS	Var
聚丙烯中空纤维[27]	0.4	—	—	O	IS	—
镍筛[20]	10×300	小	Low	W	P	80
水线微生物[31]	1.5～7	<1%	Var	W	P	1
硅 MC[28-29]	5.8～30	小	—	W/O	P	<100

注 d_p—孔径；S.D.—孔径分布宽度；ε—孔隙率；d_m—膜厚度；W—被水相润湿（亲水）；O—被油相润湿（疏水）；IS—具有互连孔的对称膜；IA—具有互连孔的不对称膜；P—平行孔；MC—微通道

SPG 膜是由一种特殊的日本活火山石灰（shirasu）烧结而成的具有窄孔径分布的玻璃膜[32]。SPG 膜是通过相分离法制备的，具体制备方法如图 5.7 所示[33]：将一定组成的 NaO-CaO-Al_2O-B_2O_3-ZrO_2-SiO_2 初级玻璃拉伸成管状，然后在 923～1023K 温度下烧结若干小时，在这个过程中，初级玻璃发生了相分离，形成酸可溶性的 Na_2O-CaO-MgO-B_2O_3 玻璃相和酸不可溶性的 Al_2O_3-SiO_2 玻璃相。最后将已分相的玻璃膜浸入一定浓度的盐酸溶液中，去除酸可溶相，即得到了具有双连续贯通孔结构的 SPG 膜。

如图 5.8 所示[34]，SPG 膜表面与内部孔结构基本一致，弯曲的类椭圆柱状孔彼此交织并向四面延展，形成三维网络。孔的横截面呈不规则椭圆形，并且在膜表面倾斜的角度

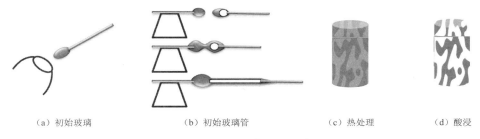

（a）初始玻璃　　　　（b）初始玻璃管　　　　（c）热处理　　　（d）酸浸

图 5.7　SPG 膜制备流程示意图

各不相同，这种结构对乳液的自发脱离起到关键作用。此外，SPG 膜还具有孔径均一、可制备孔径范围大（50nm～50μm）、表面可修饰等优点，因此 SPG 膜成为目前膜乳化中使用最广泛的膜件。

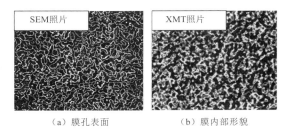

（a）膜孔表面　　　　（b）膜内部形貌

图 5.8　SPG 膜（15μm）形貌照片

SPG 膜表面具有大量硅羟基，因此呈亲水性[35]，可直接应用于膜乳化技术的 O/W 乳液体系中。但是如果将 SPG 膜直接用于 W/O 乳液体系中，会造成乳化结果非常不均一。一方面是由于分散相与膜的接触角太小，液滴和膜孔间的接触区域发生铺展，使液滴在膜孔表面的滞留时间延长，导致大粒径液滴的出现。另一方面是由于分散相渗透膜管壁发生泄漏现象，从而生成小粒径液滴[32]。因此当将 SPG 膜用制备 W/O 乳液时，需要对膜表面进行疏水改性，即在其表面通过物理吸附或化学交联法接枝疏水性大分子。由于物理吸附的不稳定性，通常采用化学交联法对 SPG 膜表面进行疏水改性。但 SPG 膜表面基团单一，只能通过硅醚键连接疏水性大分子[36-37]。这个过程存在很多问题，例如修饰不均一、使用过程中易脱落、每次清洗后需要再次修饰、食品药品行业禁止硅烷剂使用等。此外，SPG 膜材本身不耐碱，由 Si—O 键连接的疏水层也极不耐碱，制约了其在碱性体系中的应用[33]。

为了提高 SPG 膜的耐碱性，Kukizaki 等[38] 在 SPG 膜制备过程中加入了化学稳定性较高的 ZrO_2。ZrO_2 的加入可以提高二氧化硅骨架的耐碱性，但同时也会使得体系的黏度增大，过量将影响体系的混合和熔融。经过优化后，3.5mol％为 ZrO_2 的最适加入量。耐碱性测试结果显示，与不含 ZrO_2 的 SPG 膜相比，加入 ZrO_2 后 SPG 膜耐碱性增大了 3.5 倍。通过调节温度及加热时间等因素，膜孔径可控制在 0.1～10μm。该工作有效地提高了 SPG 膜的耐碱性，但在加入氧化锆的 SPG 膜中，仍含有 67.67％的二氧化硅，因此其耐碱性有限。

针对膜乳化技术对疏水、耐碱膜材的需求，有研究尝试将聚合物多孔膜应用于膜乳化技术中。Suzuki 等[25] 分别将亲水和疏水的具有纤维交织结构的薄膜状聚四氟乙烯（PTFE）膜应用于快速膜乳化中，制备出了粒径比较均一的水包煤油和煤油包水乳液。但由于 PTFE 膜孔径分布较宽，且在乳化过程中膜孔易变形，使用 PTFE 膜制备的乳液均一性比 SPG 膜稍差。在快速膜乳化中液滴的生成主要依靠膜孔道的破碎作用，膜孔分布的均一性及膜结构对乳化结果的均一性影响并不显著。Yamazaki 等[24] 将疏水的 PTFE 膜应用于直接膜乳化技术中，制备得到了粒径分布不均一的尼龙微球（$C.V.=22.6\%$）和丙烯酰胺微球（$C.V.=19.1\%$）。PTFE 膜孔径分布较宽是造成直接膜乳化结果不均一的主要原因之一。其次 PTFE 膜为纤维交织结构，孔与孔之间距离非常近，因此在 PTFE 膜表面容易出现液滴间的聚并现象，从而生成粒径较大的液滴，使乳化结果呈现多分散性。Zhou 等[14] 将疏水的具有不规则颗粒堆积结构的聚乙烯（PE）膜分别应用于快速膜乳化和直接膜乳化中制备油包水乳液。同样发现在快速膜乳化中，PE 膜可制备出粒径较为均一的油包水乳液，但在直接膜乳化中，PE 膜制备的油包水乳液粒径非常不均一。PE 膜孔径分布不均一，且孔道结构不规则，使得液滴在膜表面受力情况不一致，从而造成乳化结果不均一。Vladisavljević 等[35] 使用了一款疏水的由迈纳德公司生产的超滤膜组件。该膜组件内部由聚丙烯（PP）中空纤维膜填充，两端树脂固定，由 4 个口组成。连续相流经纤维外部区域，加压后分散相由纤维管壁渗出，进入连续相。通过对乳化条件的优化，制备得到了较为均一的 W/O 乳液，但 PP 中空纤维膜的孔径分布具有不确定性，因此其在膜乳化技术中尚未得到进一步应用。

目前，已有的商品化聚合物膜由于其可制备孔径范围、孔径分布、孔隙率、表面性质和孔形状等的制约，无法满足膜乳化技术对疏水且耐碱膜材的需求。为了解决这个问题，本文提出制备一种与 SPG 膜结构相似的，疏水且耐碱的聚合物多孔膜，应用于膜乳化技术的 W/O 和碱性体系中。相分离法是制备聚合物多孔膜最常用的方法，根据相分离诱发原因的不同可分为非溶剂诱导相分离（non - solvent induced phase separation，NSIPS）、热诱导相分离（thermally induced phase separation，TIPS）和反应诱导相分离（Chemi-cally induced phase separation，CIPS）。与其他相分离法不同，在反应诱导相分离中，相分离过程中伴随着化学反应的进行，这种复杂性为我们提供了更多的相结构调控方法。

5.2　环氧树脂多孔（EP）材料结构调控及成型工艺研究

前期工作制备得到了具有三维双连续贯通孔结构的 EP 材料，这里我们以三维双连续结构为研究对象，对其孔径大小进行调控，考察各影响因素（致孔剂组分、反应组分和温度）作用下，EP 材料孔径、玻璃转化温度 T_g 和分解温度 T_d 的变化。利用响应面优化法，定量分析体系组分组成对三维双连续结构孔径大小的影响，针对反应诱导相分离过程中存在的二次相分离现象进行研究，拓宽双连续贯通孔结构的孔径范围。为了制备出适用于膜乳化技术的管状膜或平板膜，对 EP 材料的成型工艺及存在的问题进行研究和探讨。

这里不良溶剂选用 PEG200，良溶剂为 1，4 -二氧六环。样品组成及编码见表 5.3，单体与交联剂的质量比、致孔组分与反应组分的质量比、不良溶剂与良溶剂的质量比分别用 A、B、C 表示。

5.2.1　关键因素作用下的双连续贯通孔结构孔径调控

针对膜乳化技术对膜件孔径尺寸的要求，本部分工作针对双连续贯通孔结构进行调控，得到了一定范围内孔径可控的 EP 膜材，同时也考察了孔径调控过程中，EP 材料玻

表 5.3　　　　　　　　　　　　　　　　　　样品组成和样品编码

样品	A	B	C	T/℃
A - 2.46	2.46	3.00	6.00	70
A - 2.57	2.57	3.00	6.00	70
A - 2.68	2.68	3.00	6.00	70
A - 2.85	2.85	3.00	6.00	70
A - 2.98	2.98	3.00	6.00	70
A - 3.17	3.17	3.00	6.00	70
A - 3.33	3.33	3.00	6.00	70
A - 3.55	3.55	3.00	6.00	70
B - 3.00	2.46	3.00	6.00	70
B - 2.92	2.46	2.92	6.00	70
B - 2.85	2.46	2.85	6.00	70
B - 2.77	2.46	2.77	6.00	70
C - 6.00	2.46	3.00	6.00	70
C - 5.89	2.46	3.00	5.89	70
C - 5.65	2.46	3.00	5.65	70
C - 5.46	2.46	3.00	5.46	70
C - 5.25	2.46	3.00	5.25	70
C - 5.05	2.46	3.00	5.05	70
T - 70	2.46	3.00	6.00	70
T - 75	2.46	3.00	6.00	75
T - 80	2.46	3.00	6.00	80
T - 85	2.46	3.00	6.00	85
T - 90	2.46	3.00	6.00	90
T - 95	2.46	3.00	6.00	95

璃转化温度 T_g 和热分解温度 T_d 的变化。

1. 致孔剂浓度和组成

保持单体与交联剂质量比（$A=2.46$）、不良溶剂与良溶剂质量比（$C=6.00$）和固化温度（$T=70℃$）不变，改变致孔组分与反应组分质量比 B，考察致孔组分浓度对双连续贯通孔结构孔径及 T_g 和 T_d 的影响。图 5.9 是不同致孔剂浓度下制备的 EP 材料微观形貌电镜图和平均孔径，从图中可以看出，随着致孔剂浓度的减小，制备得到的双连续贯通孔结构的孔径尺寸逐渐减小。当 B 值由 2.85 减小至 2.77 时，EP 材料由双连续贯通孔结构变为闭孔结构。由于相结构类型对致孔剂组分浓度响应较为敏感，因此在有限的 B 值调控下，无法获得连续孔径尺寸的双连续贯通孔结构。

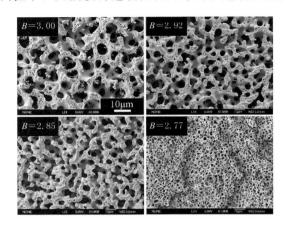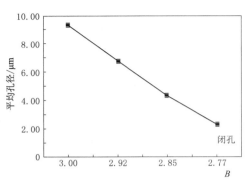

图 5.9　不同致孔剂浓度下制备的 EP 材料微观形貌电镜图和平均孔径

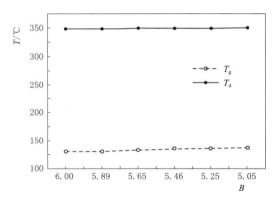

图 5.10　不同致孔剂浓度下制备的 EP 材料玻璃化温度 T_g 和热分解温度 T_d

图 5.10 为不同致孔剂浓度下制备的 EP 材料玻璃化温度 T_g 和热分解温度 T_d，其中玻璃化温度是指高聚物由高弹态转变为玻璃态时的温度，而热分解温度是指材料受热分解的温度，在此温度下材料就失效了。从图中可看出，EP 材料的玻璃转化温度保持在 125℃左右，热分解温度保持在 350℃左右，受致孔剂浓度的影响较小。

保持单体与交联剂质量比（$A = 2.46$）、致孔组分与反应组分质量比（$B = 3.00$）和固化温度（$T = 70℃$）不变，改变不良溶剂与良溶剂质量比 C，考察致孔组分中良溶剂浓度对双连续贯通孔结构孔径及 T_g 和 T_d 的影响。图 5.11 是不同致孔组分中良溶剂浓度下制备的 EP 材料微观形貌电镜图和平均孔径，从图中可以看出，随着致孔组分中良溶剂浓度的增大，制备得到的双连续贯通孔结构的孔径尺寸逐渐减小。在有限的 C 值调控下，双连续贯通孔结构的孔径尺寸变化较为连续，且可获得较大孔径范围内的双连续结构。图 5.12 为不同良溶剂浓度下制备的 EP 材料玻璃化温度 T_g 和热分解温度 T_d，从图中可以看出其受良溶剂浓度的影响也较小。

2. 反应组分组成

保持致孔组分与反应组分质量比（$B = 3.00$）、不良溶剂与良溶剂质量比（$C = 6.00$）和固化温度（$T = 70℃$）不变，改变单体与交联剂质量比 A，考察单体与交联剂质量比对双连续贯通孔结构孔径及 T_g 和 T_d 的影响。图 5.13 是不同单体与交联剂质量比下制备的 EP 材料微观形貌电镜图和平均孔径，从图中可以看出，随着单体与交联剂质量比的增

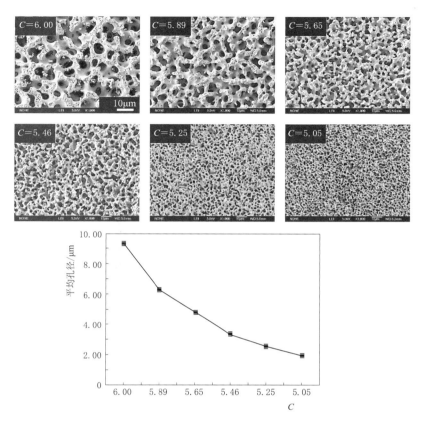

图 5.11 不同良溶剂浓度下制备的 EP 材料微观形貌电镜图和平均孔径

大，制备得到的双连续贯通孔结构的孔径尺寸逐渐减小。在有限单体与交联剂质量比的调控下，双连续贯通孔结构的孔径尺寸变化非常连续，而且可制备的孔径范围较大。图 5.14 为不同致孔剂浓度下制备的 EP 材料玻璃化温度 T_g 和热分解温度 T_d，尽管不同的单体与交联剂质量比直接影响了 EP 材料骨架的交联密度，但从图中可以看出 EP 材料的玻璃转化温度保持在 125℃左右，热分解温度保持在 350℃左右，单体与交联剂质量比的影响并不显著。

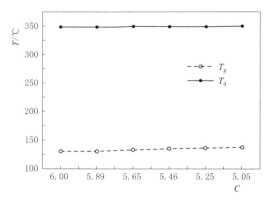

图 5.12 不同良溶剂浓度下下制备的 EP 材料
玻璃化温度 T_g 和分解温度 T_d

3. 温度

保持单体与交联剂质量比（$A = 2.46$）、致孔组分与反应组分质量比（$B = 3.00$）和不良溶剂与良溶剂质量比（$C = 6.00$）不变，改变固化温度 T，考察温度对双连续贯通孔结构孔径及 T_g 和 T_d 的影响。图 5.15 是不同温度下制备的 EP 材料微观形貌电镜图和平

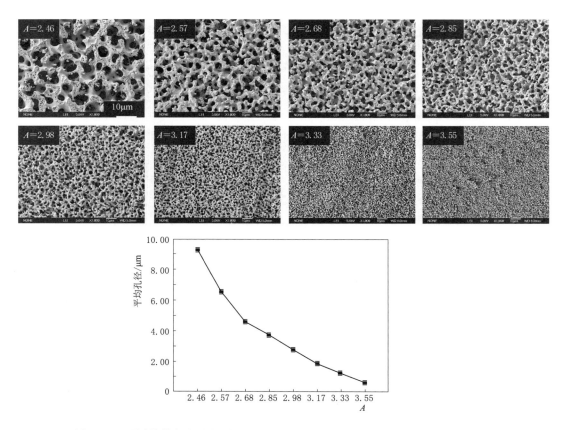

图 5.13　不同单体与交联剂质量比下制备的 EP 材料微观形貌电镜图和平均孔径

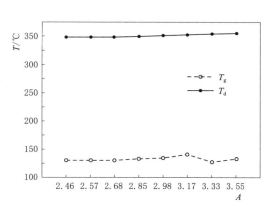

图 5.14　不同单体与交联剂质量比下制备的
EP 材料玻璃化温度 T_g 和分解温度 T_d

均孔径，从图中可以看出，随着温度的升高，制备得到的双连续贯通孔结构的孔径尺寸逐渐减小。在有限的温度的调控下，双连续贯通孔结构的孔径尺寸变化较为连续，即可以获得了较大孔径范围内的双连续结构。图 5.16 为不同温度下制备的 EP 材料玻璃化温度 T_g 和热分解温度 T_d，从图中可以看出 T_g 和 T_d 受温度的影响均不显著。

5.2.2　响应面优化实验

在本部分工作中，利用响应面优化实验，定量研究了体系组分组成对三维双连续结构孔径的影响。反应体系由 4 部分组成，因此组成自由度为 3，这里选择 4 个组分间的质量比作为实验变量［单体与交联剂的质量比 A、致孔组分与反应组分的质量比 B、不良溶剂（PEG200）与良溶剂（DMF）的质量

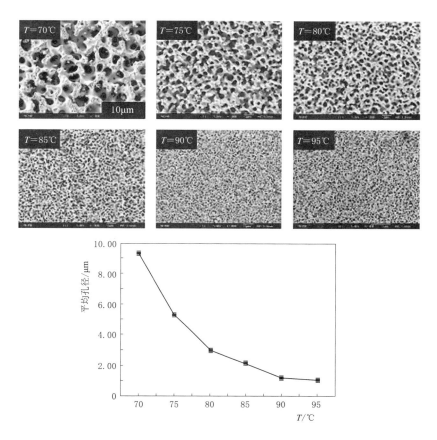

图 5.15　不同温度下制备的 EP 材料微观形貌电镜图和平均孔径

比 C]，以最终得到的 EP 材料孔径作为响应因素，进行响应面优化实验。考察的实验变量和响应结果见表 5.4。响应面分析给出孔径与实验变量之间的编码制公式如下所示：

$$孔径 = 5825.28 - 4642.09A + 5498.35B \\ + 2651.41C - 4050.58AB - 1443.30AC \\ + 3578.97BC \qquad (5.3)$$

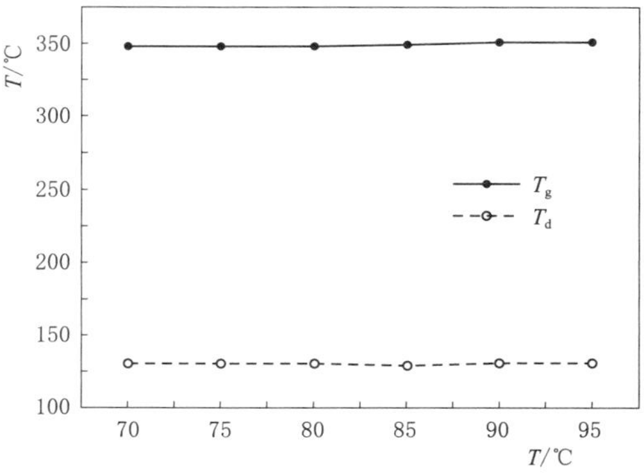

表 5.5 是基于模型式（5.3）的统计分析结果。从表中可以看出，该模型公式的 F 值为 21.68，说明所建模型是合理可用；p 值小于 0.0500 表明对应模拟项是显著的，大于 0.1000 表示该模拟项不显著，因此从表中可以看出 A、B、C、AB 和 BC 是显著模拟项。

图 5.16　不同温度下制备的 EP 材料玻璃化温度 T_g 和分解温度 T_d

表 5.4　　　　　　　　　　　　　　　　实验变量设计及结果

标准	运行	代　码　值			真　实　值			响应
		A	B	C	A	B	C	孔径/nm
4	1	1	1	0	3.00	3.50	2.67	2323.2
10	2	0	1	−1	2.50	3.50	5.17	5584.1
6	3	1	0	−1	3.00	3.00	5.17	1173.9
15	4	0	0	0	2.50	3.00	5.67	4571.0
2	5	1	−1	0	3.00	2.50	5.67	1073.0
5	6	−1	0	−1	2.00	3.00	5.17	9280.0
7	7	−1	0	1	2.00	3.00	6.17	15514.3
11	8	0	−1	1	2.50	2.50	6.17	221.0
9	9	0	−1	−1	2.50	2.50	5.17	1235.0
3	10	−1	1	0	2.00	3.50	5.67	18465.0
8	11	1	0	1	3.00	3.00	6.17	165.0
12	12	0	1	1	2.50	3.50	6.17	20000.0
14	13	0	0	0	2.50	3.00	5.67	4061.9
1	14	−1	−1	0	2.00	2.50	5.67	547.5
13	15	0	0	0	2.50	3.00	5.67	3315.3

表 5.5　　　　　　　　　　　　　　　　模型式（5.3）的方差分析

来源	平方和	df	均方	F 值	P 值＞F
原型	5.957×10^8	6	9.28×10^7	21.68	0.0002
A	1.724×10^8	1	1.724×10^8	37.64	0.003
B	2.419×10^8	1	20419×10^8	52.81	＜0.0001
C	5.624×10^7	1	5.624×10^7	12.28	0.0080
AB	6.563×10^7	1	6.563×10^7	14.33	0.0053
AC	8.332×10^6	1	8.332×10^6	1.82	0.2143
BC	5.124×10^7	1	5.124×10^7	11.19	0.0102
纯误差	73978×10^5	2	3.989×10^5		
Cor 合计	6.323	14			

图 5.17 是实验变量间交互影响的等值线图，每个图代表的是在一个变量取值一定的情况下，另外两个变量对微球均一性的交互影响。从交互影响等值线图以及式（5.3）中可以看出，A 对 EP 材料孔径为负贡献，而 B 和 C 为正贡献，这与前期研究成果一致。3个因素对 EP 材料孔径影响的显著性由大到小依次为 B、A、C。利用响应面优化法可以定量分析出各个因素对双连续孔径的影响，从而计算出不同组分组成下，制备得到的 EP 材料孔径大小。但该方法应用的前提是 A、B、C 在一定的取值范围内。

经过定向优化，最终得到了孔径范围在 $0.5 \sim 15 \mu m$ 具有三维双连续贯通孔结构的 EP 材料（图 5.18）。目前应用于膜乳化技术中的 SPG 膜孔径范围为 $0.5 \sim 50 \mu m$，其中最常

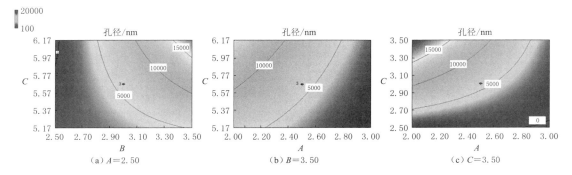

图 5.17　响应面分析因素间交互作用的等值线图

用的分别孔径为 $1.4\mu m$、$2.8\mu m$、$5.2\mu m$、$7.2\mu m$、$8.5\mu m$、$10.1\mu m$、$20.2\mu m$。尽管大孔径的膜件应用并不广泛，但在快速膜乳化的一些体系中仍需要较大孔径的膜件。因此需要对 EP 材料的可制备孔径进行拓展。

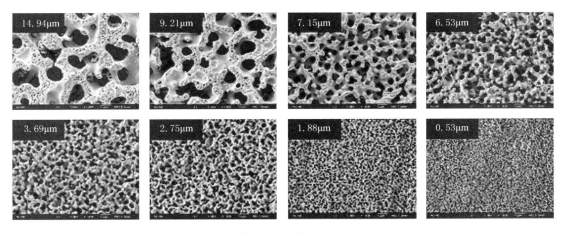

图 5.18　不同孔径 EP 材料微观形貌电镜图

5.2.3　二次相分离现象研究

在双连续结构中，存在一些孔道（骨架）中充满环氧颗粒（空穴）的结构，此类结构由于孔道不通畅不适用于膜乳化技术，但该类结构往往存在于较大孔径的双连续结构中，在本部分内容中针对这一问题进行了一些初步研究。

在相分离后期，在界面张力的驱动下总的表面积随着相区的粗化迅速减小，体系浓度扩散速度不足以使体系局部浓度达到平衡，此时的宏观相尺寸远远大于界面厚度，体系处于亚稳态或不稳态，在这种情况下极易产生二次相分离。图 5.19 是反应诱导相分离形成贯通孔结构的发展阶段示意图，从图中可以看出，在相分离后期，随着相结构的继续增大，在致孔剂富集相（聚合物富集相）中，出现颗粒状聚合物富集相（致孔剂富集相），最终形成孔道中充满环氧颗粒、骨架中充满空穴的双连续结构，该现象称为二次相分离。宏观相尺寸远远大于界面厚度是二次相分离出现的前提，因此减小宏观相尺寸可以抑制二次相分离的出现。但这里需要既去除孔道中的颗粒，又保证相结构的尺寸足够大。因此在本部分工作中，尝试利用物理方法去除孔道中的颗粒，从而保证双连续结构的通透性。

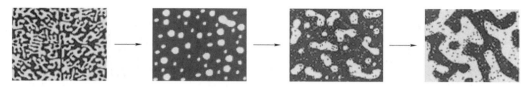

图 5.19　旋节线相分离相结构演化示意图（灰色代表环氧富集相；白色代表致孔剂富集相）

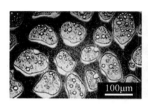

图 5.20　EP 材料相结构光镜图（左）与电镜图（右）

图 5.20 是相分离后期 EP 材料光镜图和电镜图，从图中可以看出，在致孔剂富集相中分散大量大小不一的环氧颗粒，有的相互碰撞融合，有的融入骨架中，有的原位聚合。环氧颗粒是独立于骨架存在的，因此采取物理方法可以达到去除颗粒的目的。

环氧颗粒物理去除法如图 5.21（a）所示，在相分离后期，骨架初步形成且具有一定的强度时，将 EP 材料放入沸腾的乙醇中，煮沸 30 min，在这个过程中，独立存在的环氧颗粒将游离到乙醇溶剂中，将 EP 材料干燥后 120℃后固化 3h 以保证骨架完全固化。图 5.21（b）、（c）是经过乙醇处理前后 EP 材料结构电镜图，经处理后，堵塞在孔道中的颗粒被大量去除，说明该法具有一定的可行性。但该法对加入乙醇的时间点要求严格且在乙醇煮沸过程中易出现膜变形现象，因此仍需要进一步改进。

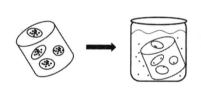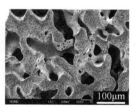

（a）环氧颗粒去除法示意图　　　　（b）去除颗粒前EP材料电镜图　　　　（c）去除颗粒后EP材料电镜图

图 5.21　环氧颗粒物理去除法示意图

5.2.4　EP 材料成型工艺研究

目前用于膜乳化技术中的膜件形状有管状膜和平板膜，其中管状膜外径 10 mm，膜厚度 0.45～0.75mm，长度 20mm、100mm、250mm 和 500mm。片状膜为圆盘状，直径为 30mm，厚度 0.45～0.75mm。在实际应用中，管状膜更为普遍。EP 材料应用于膜乳化技术之前，需要将其加工成管状或片状。本部分工作分别对模具法和车床法两种 EP 材料成型工艺进行了研究。模具法存在不可避免的界面效应，无法获得与本体结构一致的表面，而膜乳化技术对膜件表面结构要求严格，因此该法不适用于 EP 膜管（膜片）的制备。经过改进的车床法能加工出表面形貌较好的 EP 膜管（外径 10mm，膜厚度 0.45～0.75mm，长度 20mm）和膜片（直径 30mm，膜厚度 0.45～0.75mm），是目前较为可行的 EP 材料成型方法。

5.2.4.1 模具成型法

模具成型法是指在外力作用下使坯料成为有特定形状和尺寸的制件，是目前工业生产中应用最为广泛的成型工艺之一。本部分工作探讨了模具成型法制备 EP 膜管（片）的可行性。图 5.22 分别是自制的管状模具和片状模具。将反应共混物注入模具中，反应完全后将膜材取出，即为管状或片状。但在该过程中存在严重的界面效应[39]，如图 5.23 所示，界面效应是指当靠近界面的共混体系中各组分对界面的润湿作用有差异时，润湿作用较强的组分会在界面附近富集，形成润湿层，靠近润湿层的位置则形成该组分的消耗层。致孔剂富集相和环氧富集相竞争吸附在膜具表面，导致膜材的表面结构与本体结构不同。

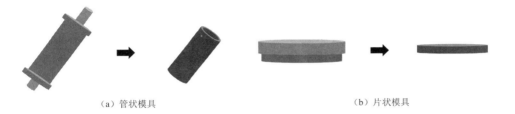

(a) 管状模具　　　　　　　　　　　　(b) 片状模具

图 5.22　模具照片

为了寻找合适的接触面，得到致孔剂富集相和环氧富集相在其表面竞争吸附生成与本体结构一致的活性表面，对不同材质、不同亲疏水性的固体接触面对 EP 材料表面形貌的作用效果进行了考察。图 5.24 是反应共混物在不同固体接触面上反应产生的表面形貌电镜图。在不同材质接触面上生成的 EP 材料表面形貌各不相同，这是由于不同材质接触面与致孔剂富集相和环氧富集相的亲和性不同，EP 材料表面致孔剂富集相和环氧富集相不同程度地吸附在接触面，导致最终 EP 材料表面形貌的多样性。对于较为疏水的接触面，如橡胶、塑料、尼龙，获得的 EP 材料表面多为致密结构 [图 5.24（a）、（b）]，或无规律地分散着小孔 [图 5.24（c）]；对于较为亲水的接触面，如

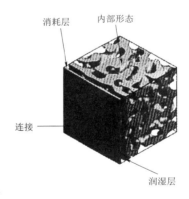

图 5.23　界面诱导相分离的相结构示意图

纸、铝、锡箔纸，获得的 EP 材料表面多为凹凸结构，孔径大小不一 [图 5.24（d）～（f）]。除此之外，以 EP 材料本身作为接触面，在制备过程中反应液渗透到 EP 材料内部，固化完全后难以分离，因此 EP 材料本身作为接触面也不可行。

EP 材料制备过程中与空气接触的面为致密结构 [图 5.25（a）]，说明环氧富集相选择性聚集到液固界面以降低界面张力。若将液体置于反应体系和空气之间，反应体系和该液体之间也会存在界面效应。这里考察了不同的液体接触面对 EP 材料表面形貌的作用效果。为了避免接触的液体渗透到体系中，选择在反应浊点前后即相分离开始时，将液体滴加到反应共混物表面。待反应结束后，去掉表面液体，电镜观察。图 5.25（b）～（e）是反应共混物与不同液体接触反应产生的表面形貌电镜图。与固体接触面不同，液体接触面产生的材料表面更加粗糙。表面多有环氧颗粒附着，这是由于环氧单体游离到液体层中

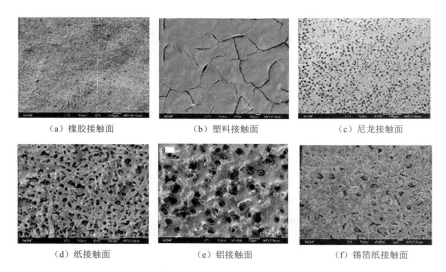

（a）橡胶接触面	（b）塑料接触面	（c）尼龙接触面
（d）纸接触面	（e）铝接触面	（f）锡箔纸接触面

图 5.24 在不同固体接触面上反应得到的 EP 材料表面形貌电镜图

产生的环氧颗粒。液体接触面由于扩散作用的存在，会在一定程度上改变界面处体系组成，从而改变 EP 材料表面形貌。因此液体作为接触面也不可行。

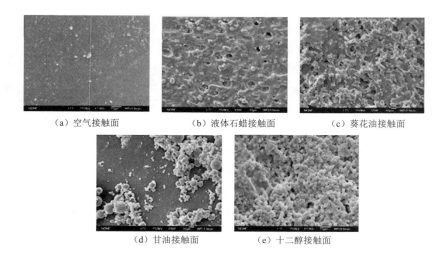

（a）空气接触面	（b）液体石蜡接触面	（c）葵花油接触面
	（d）甘油接触面	（e）十二醇接触面

图 5.25 液体表面接触反应得到的 EP 材料表面形貌

图 5.26 酸腐蚀后 EP 材料表面

界面效应存在一定的厚度，这里尝试用浓硫酸将 EP 材料表面由于界面效应所产生结构不同于本体的表层腐蚀掉，结果如图 5.26 腐蚀后的 EP 材料表面被严重破坏，仍然不能获得与本体相同的双连续多孔结构。

5.2.4.2　车床成型法

车床成型法主要是利用车刀对旋转的工件进行车削加工。在车床上还可用辅助工具进行钻孔等辅助加工。膜管加工流程如图 5.27（a）所示，首先用车刀车削外表面至外径 10mm，然后用直径 9mm 的钻头钻孔，最后用车刀在 2cm 长度处将膜切断。膜片加工流程如图 5.27（b）所示，首先用车刀车削外表面至外径 30mm，然后用车刀在 0.5mm 厚度处切断膜片。EP 膜管和膜片的加工成品如图 5.28 所示。

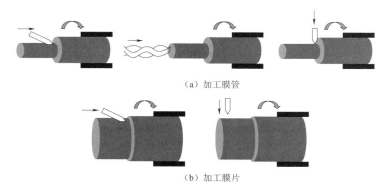

（a）加工膜管

（b）加工膜片

图 5.27　EP 材料车床加工流程示意图

EP 材料是具有一定韧性的树脂基聚合物材料，在车床加工过程中易产生孔变形、孔堵塞的问题。为了减少加工对材料结构的破坏，需要在加工前对膜做了一些处理。如图 5.29 所示，用水置换 EP 材料孔道中的索提液乙醇，加工前将膜在 0℃冷冻 24h，取出后放入液氮中再次冷冻进一步提高 EP 材料整体的硬度和脆度，待 EP 材料充分冷冻后迅速取出加工。该方法的目的是在 EP 材料孔道中形成固体模板，缓解在加工过程中孔道塌陷、变形等现象。置换液分别考察了十二醇（熔点：22～27℃）和水（熔点：0℃），就加工效果而言，两种置换液均可有效保护膜结构。但使用十二醇作为置换液成本较高，操作繁琐，因此最后选择水作为置换液。

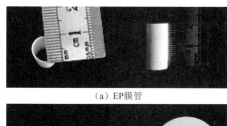

（a）EP膜管

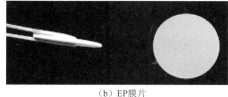

（b）EP膜片

图 5.28　EP 膜管和膜片的加工成品

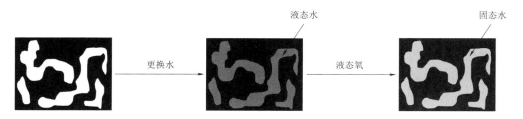

图 5.29　车床加工前 EP 材料的预处理

99

　　图 5.30 是加工后 EP 膜表面电镜图，从图中可以看出膜孔基本完好。EP 膜管内表面是由钻头加工的，从电镜图中可以看出内表面上有起伏，但孔结构完好。EP 膜外表面是由车刀车削出来的，从电镜图上看，外表面有纹路，部分纹路处有少许孔堵塞现象，这可能是进刀过程中由于摩擦产生的。EP 膜管在使用过程中内表面作为活性面，因此外表面少许的堵塞现象不产生明显影响。对于片状膜，由于加工过程时间较短，且表面加工只需一次进刀，所以孔结构较为完好。考虑到以上实验结果，最终选择车床成型法对 EP 材料进行成型加工。

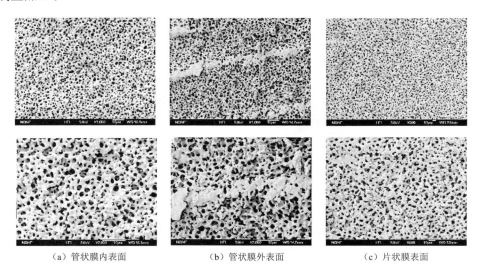

(a) 管状膜内表面　　　　　　(b) 管状膜外表面　　　　　　(c) 片状膜表面

图 5.30　车床加工后 EP 膜表面电镜图

5.2.5　小结

　　我们以三维双连续结构为研究对象，对双连续贯通孔结构的孔径大小进行了调控，考察了各影响因素（致孔剂组分、反应组分和温度）作用下，EP 材料孔径的变化，同时也考察了孔径调控过程中，EP 材料玻璃转化温度 T_g 和分解温度 T_d 的变化。利用响应面优化法，定量分析了体系组分组成的影响。为了进一步拓宽双连续贯通孔结构的孔径范围，针对反应诱导相分离过程中存在的二次相分离现象进行了初步研究。研究和探讨了 EP 材料的成型工艺及存在的问题，制备出了适用于膜乳化装置的管状膜和平板膜，具体结论如下：

　　(1) 随着致孔剂浓度的增大，良溶剂浓度的减小，单体与交联剂质量比的减小，温度的降低，双连续贯通孔结构的孔径增大。在有限的单体与交联剂质量比的调控下，双连续贯通孔结构的孔径尺寸变化非常连续，而且可制备的孔径范围较大。在双连续贯通孔结构的调控过程中，各因素对 EP 材料玻璃转化温度 T_g 和分解温度 T_d 的影响不显著。

　　(2) 利用响应面优化法定量分析了体系组成对双连续孔径的影响，通过定向优化，制备得到了孔径范围为 $0.5 \sim 15 \mu m$，具有双连续贯通孔结构的 EP 材料。

　　(3) 对二次相分离现象进行了初步研究，乙醇煮沸法可以在一定程度上去除 EP 材料孔道中的颗粒，从而获得大孔径的 EP 材料。

（4）分别对模具法和车床法两种 EP 材料成型工艺进行了研究。模具法存在不可避免的界面效应，无法获得与本体结构一致的表面，而膜乳化技术对膜件表面结构要求严格，因此模具法不适用于 EP 膜管（膜片）的制备。经过改进的车床法能加工出表面形貌较好的 EP 膜管（外径 10mm，膜厚度 0.45～0.75mm，长度 20mm）和膜片（直径 30mm，膜厚度 0.45～0.75mm）。

5.3 环氧树脂多孔（EP）膜在膜乳化技术中的应用研究

在前期工作中，制备得到了孔径范围为 0.5～15μm，具有双连续贯通孔结构的 EP 材料，并将其加工成适合于膜乳化装置的管状、片状膜。这里我们以商品化 SPG 膜作为对比，对 EP 材料基本特性进行表征。并将 EP 膜用于 W/O 乳化体系中，利用直接膜乳化法和快速膜乳化法分别制备琼脂糖微球和海藻酸钙微球，考察其在膜乳化技术中应用的可行性。

5.3.1 SPG 膜疏水改性及在膜乳化 W/O 体系中的应用研究

无论是直接膜乳化还是快速膜乳化，在制备 W/O 乳液时都要求膜材表面具有较好的疏水性。亲水性的 SPG 膜可通过化学修饰法增大膜孔的疏水性，常用的方法是利用硅烷偶联剂与亲水性 SPG 膜表面的硅羟基进行化学反应使其带上很强的疏水基团。在本部分工作中分别选用了线性小分子 KP-18C 和高度交联的网状大分子 GRT-350 两种常用硅烷偶联剂对 SPG 膜进行了疏水改性，并对两者的修饰效果进行了比较。

5.3.1.1 SPG 膜修饰层稳定性考察

图 5.31 是修饰前和利用两种修饰剂修饰后的 SPG 膜表面与水的接触角的测定结果。就改性后 SPG 膜与水的接触角大小而言，两种修饰剂差异很小，即 KP-18C 和 GRT-350 均可使 SPG 获得较好的疏水性。改性后修饰层对 SPG 膜孔隙率、孔径大小及分布的影响见表 5.6 和如图 5.32 所示。从结果中可以看出，KP-18C 和 GRT-350 在 SPG 膜表面形成的修饰层使 SPG 膜的平均孔径分别减小了 64.7 nm 和 146.5 nm，对应的孔隙率分别减小 1.9％和 2.6％。修饰后 SPG 膜的孔径分布相对于修饰前变化很小。GRT-350 的分子式是 $(CH_3SiO_{1.5})_n$，其中 n 的取值范围是 300～400，GRT-350 分子呈三维交织状[39]，而 KP-18C 是线性小分子，因此 GRT-350 在 SPG 膜表面形成的修饰层对 SPG 膜平均孔径，孔隙率的影响均大于 KP-18C 的影响。

（a）SPG膜　　　　　　　（b）KP-18C修饰后SPG膜　　　　　（c）GRT-350修饰后SPG膜

图 5.31　SPG 膜表面与水的接触角

表 5.6　　　　　　　　　　　　修饰层对 SPG 膜孔径大小和孔隙率的影响

不同的 SPG 膜	平均孔径/μm	孔隙率/%
SPG 膜	2.15	61.1
KP－18C 改性 SPG 膜	2.09	59.2
GRT－350 改性 SPG 膜	2.00	58.5

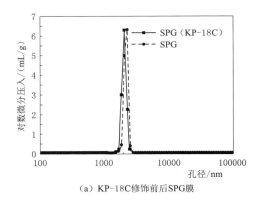 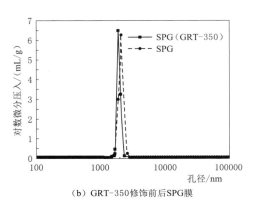

（a）KP-18C修饰前后SPG膜　　　　　　　　（b）GRT-350修饰前后SPG膜

图 5.32　修饰层对 SPG 膜孔径大小及分布的影响

　　在利用膜乳化技术制备 W/O 乳液的过程中，膜的疏水性越强所得乳液粒径越均一。疏水改性后的 SPG 膜在使用过程中修饰层可能会局部脱落，因此在多次使用后，所得乳液均一性下降。将疏水改性后的 SPG 膜重复用于膜乳化技术中制备 W/O 乳液，观察每次所得乳液的均一性以及每次使用后 SPG 膜的亲疏水性，从而评价 SPG 膜疏水层的稳定性。图 5.33 和图 5.34 分别是 KP－18C 和 GRT－350 改性后 SPG 膜的膜乳化结果。从结

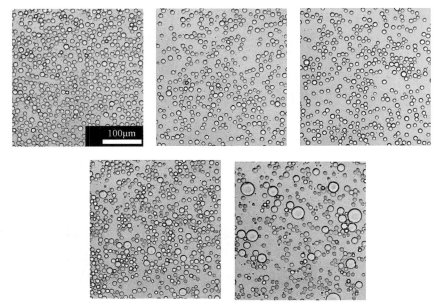

图 5.33　KP－18C 改性后 SPG 膜 5 次乳化结果

果中可以看出，KP-18C 改性后的 SPG 膜用于膜乳化中，前 3 次所获得的乳液粒径都比较均一，第 4 次乳化结果中出现了少量较大粒径的乳滴，乳化结果不均一，而第 5 次乳化结果乳液尺寸非常不均一；对于 GRT-350 改性的 SPG 膜在使用至第 3 次时，乳化结果中出现大粒径乳滴，使用第 4 次时，乳化结果非常不均一。从乳化使用次数上看，KP-18C 在 SPG 膜表面形成的修饰层的稳定性高于 GRT-350 在 SPG 膜表面形成的修饰层的稳定性。尽管 KP-18C 和 GRT-350 均是通过 Si—O 键在 SPG 膜表面连接疏水分子，然而 KP-18C 改性后的 SPG 膜表面连接的是线性小分子，而 GRT-350 改性后的 SPG 膜表面连接的是高度交联的网状大分子。GRT-350 分子脱落后将暴露更多的区域，从而影响乳化效果。

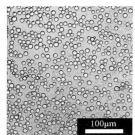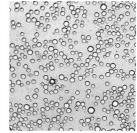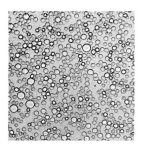

图 5.34　GRT-350 改性后 SPG 膜的 4 次乳化结果

图 5.35 是 KP-18C 和 GRT-350 改性后 SPG 膜重复用于乳化后接触角的变化情况。从图中可以看出，两种修饰剂修饰后的 SPG 膜在使用 3～4 次后，接触角均出现急剧下降，说明经过多次使用的 SPG 膜表面的修饰层更易被破坏。接触角的下降是影响乳化效果的直接原因。KP-18C 修饰后的 SPG 膜在使用 5 次后，接触角出现急剧下降，而 GRT-350 修饰后的 SPG 膜在使用 4 次后，接触角出现急剧下降，再次说明前者改性的 SPG 膜的修饰层更稳定。

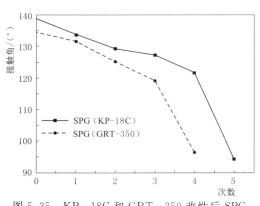

图 5.35　KP-18C 和 GRT-350 改性后 SPG 膜重复用于乳化后接触角的变化情况

5.3.1.2　SPG 膜修饰层耐碱性考察

在实际应用中，存在一些碱性体系，例如葡甘聚糖（KGM）在强碱中溶解，因此 KGM 浆液呈强碱性，这要求膜材具有一定的耐碱性。在这部分内容中，以 1M NaOH 溶液作为分散相，含有 5wt% 的 PO-500 的液体石蜡作为连续相，进行膜乳化实验，分别考察 KP-18C 和 GRT-350 修饰后 SPG 膜修饰层的耐碱性。

图 5.36 是改性后 SPG 膜用于碱性体系制备的 W/O 乳液光镜图。从图中可以看出无论是 KP-18C 还是 GRT-350 修饰后的 SPG 膜用于碱性体系中，均无法制备出均一粒径的 W/O 乳液。从表 5.7 中可以发现，改性后 SPG 膜用于碱性体系后，与水接触角变为

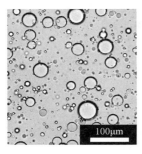

（a）KP-18C修饰SPG膜制备
的W/O乳液光镜图

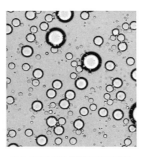

（b）GRT-350修饰SPG膜制备
的W/O乳液光镜图

图 5.36 KP-18C 和 GRT-350 改性后 SPG 膜
应用于碱性体系制备 W/O 乳液光镜图

0°，表明疏水层在使用过程中已完全脱落。这是由于无论是 KP-18C 还是 GRT-350 均是通过硅醚键在 SPG 膜表面连接疏水分子，而硅醚键在碱性条件下极易水解，所以两种修饰剂修饰的 SPG 膜均无法用于碱性体系中。

鉴于上述结果，有必要针对膜乳化技术对膜结构的要求，制备一种具有三维双连续贯通孔结构的、疏水且耐碱的聚合物膜，并将其应用于膜乳化技术的 W/O 和碱性体系中。

表 5.7　　　　　　　　　　　　　改性后 SPG 膜用于碱性体系前后与水的接触角

样　品	接　触　角	
	用于碱性体系前	用于碱性体系后
KP-18C 改性的 SPG 膜	142.2°	0°
GRT-350 改性的 SPG 膜	135.5°	0°

5.3.2　EP 膜在膜乳化 W/O 体系中的应用研究

在前期工作中，制备得到了一定孔径范围内（0.5～15μm）的，具有双连续贯通孔结构的 EP 材料，利用改进后的车床法将其加工成适用于膜乳化装置的管状膜和片状膜。下面对 EP 材料基本特性进行了表征，包括结构特性、亲疏水性和耐碱性，并与商品化 SPG 膜进行了对比。首次将 EP 膜应用于膜乳化技术的 W/O 体系中，考察了其在膜乳化技术中应用的可行性。

5.3.2.1　EP 材料基本特性表征

在前期工作中，制备出了具有三维双连续贯通孔结构的 EP 材料，孔径范围 0.5～15μm。图 5.37 是 EP 膜、SPG 膜、聚乙烯膜（PE）和聚四氟乙烯膜（PTFE）的电镜图。从图中可以看出，PE 膜膜孔道形状不规则，孔径分布较宽，应用于直接膜乳化中将直接影响乳液粒径的均一性[14]。PTFE 膜呈网状结构，膜孔分布不规则，孔间距小，在直接膜乳化中，液滴之间容易发生融合现象，生成大粒径乳滴，造成乳化结果不均一。而 EP 膜与 SPG 膜类似，具有三维双连续骨架和近椭圆形贯通孔，这一特殊结构有利于膜乳化过程中膜表面乳滴的形成和脱离[2]，因此 EP 膜在膜乳化技术中具有良好的应用前景。

除了膜孔微观结构以外，膜孔尺寸大小和分布、膜孔隙率和表面性质均是影响膜乳化结果的关键因素。接下来对比 SPG 膜，评价了 EP 膜的孔径分布、孔隙率、表面性质。从图 5.38 中可以看出 EP 膜和 SPG 膜均具有较好的孔径分布，均有利于均一乳液的形成。表 5.8 是 EP 膜和 SPG 膜的平均孔径和孔隙率。与 SPG 膜相比，EP 膜孔隙率稍低，这可能与孔径大小有关。由于 EP 膜骨架密度（树脂基质，1.20g/mL）远远小于 SPG 膜（玻

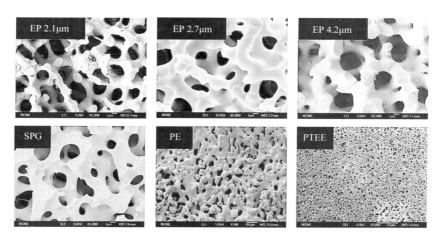

图 5.37 不同结构膜的电镜图

璃基质，2.38g/mL），因此其孔容远远大于 SPG 膜。

表 5.8 EP 膜和 SPG 膜的平均孔径和孔隙率

膜	平均孔径 /μm	孔隙率/%	孔体积 /(mL/g)	孔径分布 C.V.
EP 膜	2.77	57.9	1.13	19.9%
SPG 膜	2.39	60.6	0.59	20.6%

从图 5.39 中可以看出，水与 EP 膜和 SPG 膜表面的接触角分别是 130°和 0°，表明 EP 膜表面呈疏水性而 SPG 膜表面为亲水性。在膜乳化技术中，膜必须能被连续相润湿，因此当 SPG 膜用于 W/O 体系时需要对其表面进行疏水修饰。然而修饰会带来很多问题：①由于空间阻碍效应，很难获得非常均一的修饰层；②使用过程中修饰层易脱落；③每次清洗后，需要再次修饰；④在一些食品药品行业禁止硅烷偶联剂的使用；⑤修饰层不耐碱，制约了其在碱性体系中的应用。具有良好疏水性的 EP 膜可直接用于 W/O 体系，无需修饰，避免了上述修饰带来的问题。

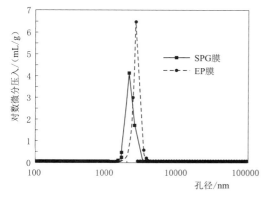

图 5.38 SPG 和 EP 膜的孔径分布图

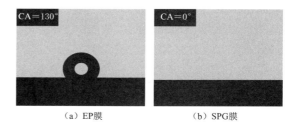

（a）EP 膜　　（b）SPG 膜

图 5.39 EP 膜和 SPG 膜表面与水接触角光镜图

　　一些亲水性的微球，例如葡甘聚糖微球，需要在碱性条件下制备，这需要膜材具有一定的耐碱性。为了测试膜的耐碱性，将 EP 膜和疏水改性的 SPG 膜浸泡在液体石蜡中超声处理 48h 模拟膜乳化前膜的预处理，接下来将膜浸泡在 1M NaOH 溶液中。图 5.40 给出了 1M NaOH 溶液中分别浸泡 65h 和 1 周的 SPG 膜和 EP 膜形貌结构的变化情况。从图中可以看出，在 1M NaOH 溶液中浸泡一周后，EP 膜微观结构无明显变化。而 SPG 膜经 1M NaOH 溶液浸泡 65h 后，宏观形貌局部变通透，微观孔结构堵塞塌陷。表 5.9 为 1M NaOH 溶液浸泡不同时间后，疏水改性的 SPG 膜和 EP 膜的疏水性变化。SPG 膜在 1M NaOH 溶液浸泡 6h 后，局部变亲水，说明疏水层遭到破坏，继续浸泡 65h 后，表面已完全亲水。而 EP 膜在 1M NaOH 溶液中浸泡 1 周后，仍保持较好的疏水性。

（a）1M NaOH溶液浸泡65h前后SPG膜电镜图　　　　　　　　（b）1M NaOH溶液浸泡1周前后EP膜电镜图

图 5.40　1M NaOH 溶液中分别浸泡 65h 和 1 周的 SPG 膜和 EP 膜形貌结构变化图

表 5.9　1M NaOH 溶液浸泡前后疏水修饰的 SPG 膜和 EP 膜表面的亲疏水性

膜	与 水 接 触 角		
	碱浸前	碱浸 6h	碱浸 65h
SPG 膜	$132.4°\pm1°$	$0°\sim130°$	$0°$
EP 膜	碱浸前 i	碱浸 1 周	
	$131.2°\pm1°$	$128.7°\pm1°$	

注　接触角 $0°\sim130°$ 是指 SPG 膜修饰层已被不同程度破坏。

　　综上，EP 材料具有三维双连续贯通孔结构，孔径分布良好（$C.V.=19.9\%$），且具有较高孔隙率（57.91%，v/v）。此外，EP 膜材表面疏水（$CA=130°$），具有较强的耐碱性（耐受 1M NaOH）。

5.3.2.2　直接膜乳化法制备琼脂糖微球

　　琼脂糖微球是目前应用最广泛的一类多糖层析介质[40]。在本部分工作中，EP 膜用于直接膜乳化中制备琼脂糖微球。图 5.41 分别是利用 SPG 膜、疏水改性后 SPG 膜和 EP 膜制备的琼脂糖微球光镜图。从图中可以看出，将亲水的 SPG 膜直接应用于膜乳化中得到的乳化结果非常不均一［图 5.41（a）］，需要对其表面进行疏水修饰后才能得到均一的乳化结果［图 5.41（b）］。而 EP 膜可直接应用与直接膜乳化制备均一粒径的琼脂糖微球［图 5.41（c）］。图 5.42 是琼脂糖微球相应的粒径分布，未经修饰的 SPG 膜制备的琼脂糖微球 $C.V.$ 值是 56.3%，经修饰后 SPG 膜制备的琼脂糖微球 $C.V.$ 值降至 12.2%。利用 EP 膜制备的琼脂糖微球的 $C.V.$ 值为 11.8%。这表明 EP 膜可直接用于直接膜乳化中制备粒径均一的琼脂糖微球（图 5.42）。

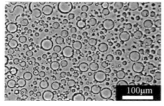
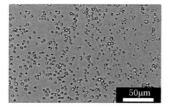
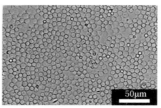

（a）5.5μm亲水SPG膜制的　　　　（b）4.5μm疏水SPG膜制备的　　　　（c）9.45μmEP膜制备的琼脂
琼脂糖微球（$\bar{d}$=37.56μm）　　　　琼脂糖微球（$\bar{d}$=10.19μm）　　　　糖微球（$\bar{d}$=16.53μm）

图 5.41　直接膜乳化制备琼脂糖微球光镜图

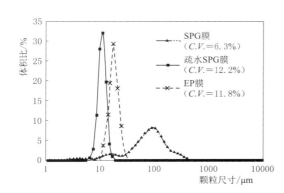

图 5.42　琼脂糖微球粒径分布图

在下次使用前，需要对膜进行清洗。为了去除膜孔壁上黏附的琼脂糖，膜必须在沸水中煮沸至少 2h。从表 5.10 中可以看出，EP 膜经过多次使用和清洗后仍保持较好的疏水性。而 SPG 膜在一次使用和清洗后，表面亲水，这表明其表面的修饰层已完全被破坏，在下次使用前需要再次修饰。

5.3.2.3　快速膜乳化法制备海藻酸钙微球

海藻酸钙胶体颗粒生物相容性好，具有 pH 敏感性。当将一些活性药物包埋在

表 5.10　　　　　　　　　　　　SPG 膜和 EP 膜清洗及使用前后膜的接触角

SPG 膜	修饰前	修饰后	第一次使用清洗后❶
	0°	131.7°	0°
EP 膜	使用前	第一次使用清洗后	第二次使用清洗后
	130.4°	129.8°	130.1°

海藻酸胶体颗粒中用于口服给药时，可以避免药物在胃部的释放，到肠道定点释放，提高药物生物利用度。这种胶体颗粒被广泛应用于口服给药[41]。将 EP 膜应用于快速膜乳化中制备海藻酸钙微球。图 5.43 分别是疏水改性后 SPG 膜和 EP 膜制备的海藻酸钙微球电镜图。利用 EP 膜制备的海藻酸钙微球非常均一，C.V. 值（11.%）稍优于疏水改性后 SPG 膜制备的海藻酸钙微球（14.3%），证明了 EP 膜具有应用于快速膜乳化中的可行性。

5.3.3　小结

分别以硅烷偶联剂 KP-18C 和硅树脂聚甲基硅倍半氧烷 GRT-35 作为修饰剂，对 SPG 膜表面进行疏水改性。对两种修饰剂的修饰效果进行了表征，考察了 SPG 膜在 W/O 和碱性体系中的应用情况及存在的问题。以商品化 SPG 膜作为对比，对 EP 材料基本特性进行表征。首次将 EP 膜用于 W/O 乳化体系中，利用直接膜乳化法和快速膜乳化法分

---

❶　用于制备琼脂糖微球。

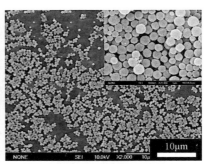

(a) 5.3 μm 疏水SPG膜制备的海藻酸钙   (b) 4.67 μm EP 膜制备的海藻酸钙微

微球（$\bar{d}$=0.78 μm，$C.V.$=14.3%）   球（$\bar{d}$=0.56 μm，$C.V.$=11.4%）

图 5.43   快速膜乳化制备的海藻酸钙微球电镜图

别制备琼脂糖微球和海藻酸钙微球，考察其在膜乳化技术中应用的可行性。主要结论如下：

（1）通过考察硅烷偶联剂 KP-18C 和硅树脂聚甲基硅倍半氧烷 GRT-350 对 SPG 膜表面的疏水修饰效果，发现在乳化和清洗过程中修饰层出现不同程度的脱落。当用于碱性体系时，无论是 KP-18C 还是 GRT-350 改性后的 SPG 膜，均无法制备出均一粒径的 W/O 乳液。

（2）以商品化 SPG 膜作为对比，对 EP 材料基本特性进行了表征。与 SPG 膜相似，EP 材料具有三维双连续贯通孔结构，孔径分布良好（$C.V.=19.9\%$），同时具有较高孔隙率（57.91%，v/v）。与 SPG 膜不同的是，EP 材料表面疏水（CA=130°），且具有较强的耐碱性（耐受 1M NaOH）。

（3）首次将 EP 膜分别应用于直接膜乳化和快速膜乳化中，成功制备出了粒径均一的琼脂糖微球（$\bar{d}=16.53\mu m$，$C.V.=11.8\%$）和海藻酸钙微球（$\bar{d}=0.56\mu m$，$C.V.=11.4\%$）。EP 膜表面疏水，可直接应用于膜乳化的 W/O 体系中，无需进行疏水修饰，这就避免了由修饰带来的一些问题。

5.4   均一粒径葡甘聚糖（KGM）微球的制备

葡甘聚糖（KGM）微球在分离纯化[42]、细胞培养[43]、酶固定化[44]、药物递送和控释等[45-46] 领域有着广泛的应用前景。目前，有关 KGM 微球制备的报道很少，尤其是均一尺寸小粒径（<10μm）KGM 微球。在前期的工作中[47]，本课题组开发了一种成球交联一步法制备 KGM 微球的技术，主要包括魔芋精粉酸降解及碱溶解制备魔芋浆液、机械搅拌制备乳液、化学交联成球等步骤。与传统方法相比，该方法大大缩短了反应时间，简化了制备过程。但是该方法制备的微球粒径不均一，使用前需要筛分，导致人力物力的浪费和较高的产品成本。更重要的是利用该方法无法获得均一尺寸小粒径（<10μm）KGM 微球。沈建华等[48] 报道了一种模板压射制备 KGM 微球的方法，这种方法的特点是利用烧结板压射形成均一液滴，实现了对微球粒径的控制。但是该法制备粒径范围为 50～500μm，因此难以用于小粒径微球的制备。快速膜乳化技术是一种新型的乳状液制备技

术，具有巨大的应用前景。与传统方法不同，快速膜乳化技术可以用于制备均一尺寸小粒径微球[49]。在本部分工作中，快速膜乳化技术被用于制备均一尺寸小粒径 KGM 微球。KGM 浆液具有强碱性，因此 KGM 微球的制备需要膜材具有耐碱的疏水表面。这里将疏水且耐碱的 EP 膜用于快速膜乳化中制备均一尺寸小粒径 KGM 乳液。由于 KGM 乳液粒径较小，因此具有较高的界面能和沉降速度，在乳液固化过程中，易发生聚并和絮凝现象[50]。为了获得单分散均一 KGM 微球，需要提高 KGM 乳液稳定性从而减轻固化过程中的聚并和絮凝现象。这里，我们考察了乳化剂浓度、KGM 浆液黏度和油相组成对乳化结果和交联结果的影响。此外，通过改变交联剂的加入方式，得到了不同的制备结果。表5.11 是 KGM 微球制备各组分的具体配比。

表 5.11 KGM 微球制备各组分的具体配比

样品	乳化剂/油相	KGM 溶液	LP/PE
S1	3%	KGMⅢ	11:1
S2	4%	KGMⅢ	11:1
S3	5%	KGMⅢ	11:1
S4	6%	KGMⅢ	11:1
S5	5%	KGMⅠ	11:1
S6	5%	KGMⅡ	11:1
S7	5%	KGMⅣ	11:1
S8	5%	KGMⅢ	7:5
S9	5%	KGMⅢ	10:2
S10	5%	KGMⅢ	12:0

5.4.1 乳化剂浓度对 KGM 微球制备的影响

乳化剂吸附在油水相界面形成一层具有一定机械强度的黏弹性膜，从而提高乳液稳定性[51]。乳化剂浓度对乳液的稳定性具有重要影响。在本部分工作中，选择 PO-500（$HLB=4.7$）作为乳化剂制备 KGM 微球。

图 5.44 是不同乳化剂浓度下得到的 KGM 乳液和微球的光镜图。首先分析乳化剂浓度对乳化结果的影响，如图 5.44 所示，当乳化剂浓度由 3wt% 增大至 5wt% 时，乳液粒径和 $C.V.$ 值变化不明显。但当乳化剂浓度继续增大至 6wt% 时，乳液粒径和 $C.V.$ 值变化显著，即乳液粒径由 $7.47\mu m$ 增至 $7.84\mu m$，其 $C.V.$ 值由 15.35% 增至 20.64%。乳化剂在乳液中有两个作用，一个是降低油水相界面的表面自由能，另一个是抑制乳液颗粒间的聚并和絮凝[2]。增大乳化剂至适宜浓度可以提高乳液稳定性，但是当乳化剂浓度过大时乳化剂将起到相反的作用。过多的乳化剂不再继续降低界面自由能，而是吸附在膜孔表面。乳化剂的量越大，EP 膜孔壁上被乳化剂覆盖的可能性越大，这在一定程度上会降低 EP 膜的疏水性，从而造成大粒径液滴的出现[52]。乳化剂浓度对 KGM 乳液的固化结果的影响也不容忽视。在 S1 的交联结果中，絮凝和聚并现象同时出现，其中两种尺寸的微球

团聚在一起。随着乳化剂浓度的增大，絮凝和聚并现象同时减弱。当乳化剂浓度增大到5wt％时，絮凝和聚并现象消失。就乳液的均一性和稳定性而言，5wt％的乳化剂浓度最优。

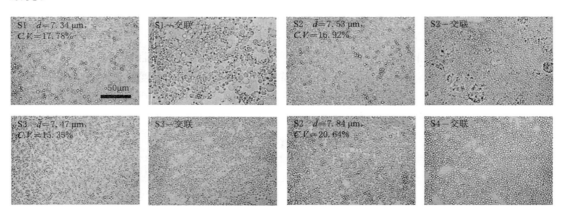

图 5.44　不同乳化剂浓度制备的 KGM 乳液和微球光镜图

（3％、4％、5％和6％，PO-500，w/w）

5.4.2　KGM 黏度对 KGM 微球制备的影响

KGM 浆液浓度会影响微球的骨架密度和机械稳定性，因此对 KGM 微球的应用有重要影响。对于乳化过程，浆液浓度直接影响的是水相黏度，这里考察了不同黏度 KGM 浆液对微球制备的影响。浆液黏度可通过浓度和分子量调控，通过改变酸降解过程中酸的用量，制备得到了不同分子量，即不同黏度的 KGM 浆液（表 5.12）。

表 5.12　　　　　　　　　　　　8wt％KGM 浆液的不同黏度

样品	KGM Ⅰ	KGM Ⅱ	KGM Ⅲ	KGM Ⅳ
黏度/(mPa·s)	66.0	88.4	145.6	180.3

图 5.45（S5、S6、S3、S7）是不同黏度 KGM 浆液制备的 KGM 乳液和微球。从图中可以看出，当 KGM 黏度很小时（S5），制备得到的乳液粒径较大且均一性较差（$\overline{d}=$

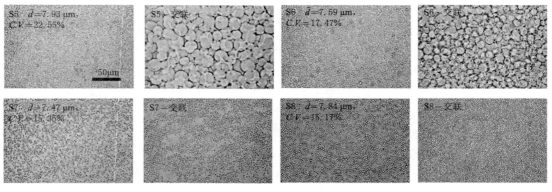

图 5.45　不同黏度 KGM 浆液制备的 KGM 乳液和微球

（KGM Ⅰ、KGM Ⅱ、KGM Ⅲ和 KGM Ⅳ）

$7.93\mu m$，$C.V.=22.55\%$）。这可能是由于 KGM 浆液黏度过低时，液滴流动性好，且黏弹性差，从而导致聚并现象发生[53]。随着 KGM 黏度的增大，制备得到的乳液粒径减小，同时均一性提高。就交联结果而言，低黏度的 KGM 浆液制备的 KGM 乳液交联后（S5交联）的粒径远远大于交联前（S5），且 KGM 微球之间彼此黏连。增大 KGM 浆液黏度，得到了两种尺寸的 KGM 微球（S6 交联）。与 S5 交联相比，聚并和絮凝现象明显缓解。继续增大 KGM 浆液黏度，最终制备微球的分散性和均一性进一步改善（S3 交联和 S7 交联）。在本部分实验中，KGM 浆液黏度越高，越有利于 KGM 微球的分散性和均一性。KGM 浆液黏度越大，乳化过程中需要的临界压力越大。因此考虑到跨膜压力，KGM Ⅲ为最优选择。

5.4.3　油相组成对 KGM 微球制备的影响

作为乳液重要组成部分之一，连续相对乳液的稳定性有着决定性的作用。这接下来的工作中，考察了油相组成对 KGM 微球制备的影响。图 5.46（S8、S9、S3、S10）是不同油相组成下制备的 KGM 乳液和微球。从结果中可以看出，油相组成对制备得到的 KGM 乳液粒径和均一性影响很小，但其对 KGM 乳液的交联结果影响显著。从交联结果中可以看出 S8 交联中出现了严重的絮凝现象，随着 LP/PE 比值的增大，絮凝现象减弱（S9 交联）。当 LP/PE 比值增至 11∶1 和 12∶0 时，制备得到了分散性较好的 KGM 微球（S3交联和 S10 交联）。当液滴逐渐接近的时候，液滴间的排流速率取决于连续相黏度。连续相黏度越大，排流速率越小，絮凝速率越小[54]。液体石蜡的黏度大于石油醚，油相黏度随着液体石蜡含量的增大而增大（图 5.47）。因此随着 LP/PE 比值的增大，KGM 乳液交联过程中的絮凝现象减弱。考虑到油相组成对乳化和交联结果的影响，选择 11∶1（LP/PE，w/w）作为最优油相组成。

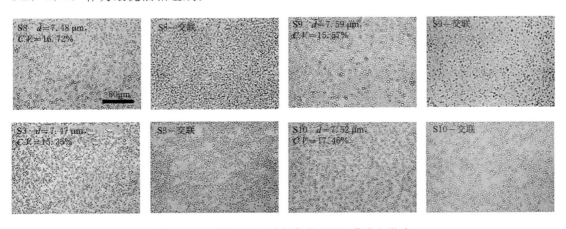

图 5.46　不同油相组成制备的 KGM 乳液和微球
（7∶5、10∶2、11∶1 和 12∶0，LP/EP，w/w）

5.4.4　交联剂加入方式对 KGM 微球制备的影响

在 KGM 乳液的交联过程中，聚并和絮凝现象经常发生。图 5.48 是 KGM 乳液在不添加交联剂的情况下随时间的演化情况。具有不同稳定性的乳液，发生聚并和絮凝现象的时间不同。从图可以看出，60℃下，乳液在 30min 时出现了明显的聚并现象，15min

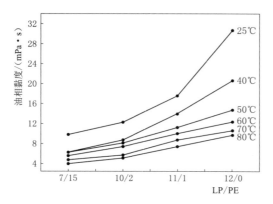

图 5.47 不同配比油相在不同温度下的黏度

后，乳液大部分发生聚并。比较而言，45℃下，乳液的聚并现象不明显。温度越高，油水相中乳化剂溶解度越大，所以原本吸附在油水界面上的乳化剂可能会进入油水相中，降低界面层的机械强度，从而降低乳液的稳定性[55]。从图 5.49 中可以看出，油水相黏度均随着温度的增大而减小。其中连续相黏度的减小，使乳滴间运动阻力降低，乳滴间碰撞能增大，从而易于诱发聚并和絮凝。此外，温度越高，界面张力越小，可以在一定程度上提高乳液的稳定性，缓解体系聚并和絮凝问题。

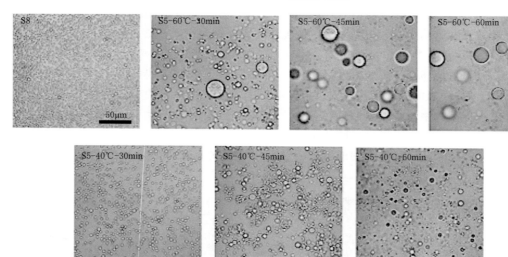

图 5.48 KGM 乳液（S5）随时间变化光镜图

[乳化后，乳液 S5 在 60℃（或 40℃）下分别搅拌 30min、45min 和 60min]

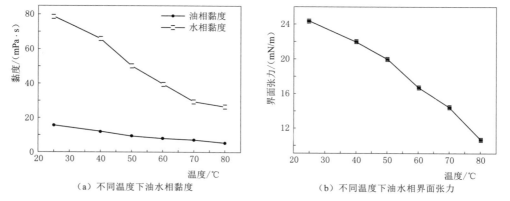

（a）不同温度下油水相黏度 　　　（b）不同温度下油水相界面张力

图 5.49 不同温度下油相 [LP/EP，11/1（w/w）] 和水相（KGMⅠ）的黏度和界面张力

在聚并和絮凝发生前，乳液通常会稳定一段时间。在这段时间里，增大反应速度，将在一定程度上抑制聚并和絮凝的发生。因此，在交联反应初期提高交联速率非常重要。这里通过改变交联剂环氧氯丙烷（EC）的加入方式改变交联速率。在一般方法中，EC 在交联温度下（60℃），被缓慢滴加到 KGM 乳液中。这里提出了两种不同的 EC 加入方式。第一个方式：将 20wt% EC 乳液（EC 与油相均质混合乳液）在 60℃ 下快速加入到 KGM 乳液中。以乳液的状态加入可以使 EC 更快地扩散到 KGM 液滴中。第二个方式：40℃ 下逐滴加入 EC，然后缓慢升温至 60℃。在该方式中，EC 在较低温度下，分散到乳液中，此时乳液处于较为稳定的状态。当升温至交联温度时，已经分散好的 EC 将以更快的速率与 KGM 液滴反应。从图 5.50 中可以看出，在以一般方式交联，制备得到的 KGM 微球（5 交联 1）粒径非常大，且微球之间彼此黏连，说明交联过程中发生了严重的聚并和絮凝现象。在 S5 交联 2 中，KGM 乳液在 60℃ 下搅拌 1 h 后，加入 EC。加入 EC 前，乳液已完成聚并，并达到了新的稳定状态。此时加入 EC，可制备得到了具有较大尺寸且分散性良好的 KGM 微球。以乳液的方式加入 EC（S5 交联 3）或低温下加入 EC 后升温（S5 交联 4），制备得到的 KGM 微球聚并和絮凝现象明显缓解。

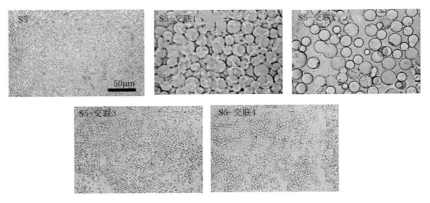

图 5.50　不同交联剂加入方式制备的 KGM 微球

[S5 是交联前 KGM 乳液，S5 交联 1（EC 在 60℃ 下缓慢滴加）、S5 交联 2
（乳液在 60℃ 下搅拌 1 h 后加入 EC）、S5 交联 3（EC 以乳液的方式快速加入）和
S5 交联 4（EC 在 40℃ 下逐滴加入后，升温至 60℃）是 S5 的交联结果]

5.4.5　小结

将 EP 膜应用于碱性体系制备出均一尺寸的小粒径葡甘聚糖（KGM）微球（$\overline{d} = 7.47\mu m$，$C.V. = 15.35\%$），拓宽了膜乳化技术的应用范围。由于 KGM 浆液密度大，沉降速度大，在交联过程中易出现絮凝和聚并的现象。通过对表面活性剂用量、KGM 浆液黏度、油相组成及交联剂加入方式的优化，有效提高了乳液稳定性，缓解交联过程中的絮凝和聚并问题。主要结论如下：

（1）增大乳化剂至适宜浓度可提高乳液稳定性，但过量时将通过影响膜孔表面的亲疏水性生成大粒径液滴。此外，乳化剂浓度的增大可有效缓解交联过程中的絮凝和聚并问题。经考察，5%（PO-500，w/w）的乳化剂浓度最优。

（2）随着 KGM 浆液黏度的增大，制备得到的 KGM 乳液粒径降低，同时均一性提高。由于较低黏度的 KGM 浆液的流动性好，且黏弹性差，易诱发乳液间的絮凝和聚并。因此，KGM 浆液黏度越高，越有利于改善交联结果。经考察，145.6mPa·s 的 KGM 浆液黏度最优。

（3）在考察范围内，油相组成对乳液粒径和均一性影响很小，但其对 KGM 乳液的交联结构影响显著。随着 LP/PE 比值的增大，油相黏度增大，交联过程中的絮凝现象减弱。经考察，选择 11:1（LP/PE，w/w）作为最优油相组成。

（4）交联剂的加入方式对交联结果具有显著影响。交联剂以乳液方式加入，或在低温下加入，待充分扩散后升温交联，两种方式均可在一定程度上改善交联结果。

参 考 文 献

［1］ Spyropoulos F，Lloyd D M，Hancocks R D，et al. Advances in membrane emulsification. Part A：recent developments in processing aspects and microstructural design approaches ［J］. Journal of the Science of Food & Agriculture，2014，94（4）：613–627.

［2］ Schröder V，Behrend O，Schubert H. Effect of dynamic interfacial tension on the emulsification process using microporous，ceramic membranes ［J］. Journal of Colloid & Interface Science，1998，202（2）：334–340.

［3］ Peng S，Williams R A. Controlled production of emulsions using a crossflow membrane ［J］. Particle & Particle Systems Characterization，1998，76（8）：902–910.

［4］ Rayner M，Trägårdh G. Membrane emulsification modelling：how can we get from characterisation to design ［J］. Desalination，2002，145（1–3）：165–172.

［5］ Chu L Y，Xie R，Zhu J H，et al，Nakao S. Study of SPG membrane emulsification processes for the preparation of monodisperse core–shell microcapsules ［J］. Journal of Colloid & Interface Science，2003，265（1）：187–196.

［6］ Qu H H，Gong F L，Ma G H，et al. Preparation and characterization of large porous poly（HEMA–co–EDMA）microspheres with narrow size distribution by modified membrane emulsification method ［J］. Journal of Applied Polymer Science，2007，105（3）：1632–1641.

［7］ 王绍亭，陈涛. 动量、热量与质量传递 ［M］. 天津：天津科学技术出版社，1988.

［8］ Vladisavljevic G T，Williams R A. Recent developments in manufacturing emulsions and particulate products using membranes ［J］. Advances in Colloid & Interface Science，2005，113（1）：1–20.

［9］ Spasic A M，Hsu J P. Finely dispersed particles：micro–，nano–，and atto–engineering ［M］. Boca Raton：CRC Pree，2006.

［10］ Zwan E V D，Schroën K，Dijke K V，et al. Visualization of droplet break–up in pre–mix membrane emulsification using microfluidic devices ［J］. Colloids & Surfaces A Physicochemical & Engineering Aspects，2006，277（1）：223–229.

［11］ Aguilera J M，Lillford P J. Food materials science ［M］. New York：Springer New York，2008.

［12］ Trentin A，Ferrando M，López F，et al. Premix membrane O/W emulsification：effect of fouling when using BSA as emulsifier ［J］. Desalination，2009，245（1）：388–395.

［13］ Vladisavljević G T，Shimizu，M.，Nakashima，T. Production of multiple emulsions for drug delivery systems by repeated SPG membrane homogenization：infulence of mean pore size，interfacial tension and continuous phase viscosity ［J］. Journal of Membrane Science，2006，284：373–383.

[14] Zhou Q Z，Ma G H，Su Z G. Effect of membrane parameters on the size and uniformity in preparing agarose beads by premix membrane emulsification [J]. Journal of Membrane Science，2009，326 (2)：694 – 700.

[15] Kobayashi I，Yasuno M，Iwamoto S，et al. Microscopic observation of emulsions droplet formation from a polycarbonate membrane [J]. Colloids & Surfaces A Physicochemical & Engineering Aspects，2002，207 (1 – 3)：185 – 196.

[16] Abrahamse A J，Lierop R V，Sman R G M V D，et al. Analysis of droplet formation and interactions during cross – flow membrane emulsification [J]. Journal of Membrane Science，2002，204 (1 – 2)：125 – 137.

[17] Nakashima T，Shimizu M，Kukizaki M. Membrane emulsification by microporous glass [J]. Key Engineering Materials，1992，61：513 – 516.

[18] Piacentini E，Imbrogno A，Drioli E，et al. Membranes with tailored wettability properties for the generation of uniform emulsion droplets with high efficiency [J]. Journal of Membrane Science，2014，459 (6)：96 – 103.

[19] Kobayashi I，Nakajima M，Chun K，et al. Silicon array of elongated through – holes for monodisperse emulsions droplets [J]. Aiche Journal，2002，48 (48)：1639 – 1644.

[20] Nazir A，Schroën K，Boom R. The effect of pore geometry on premix membrane emulsification using nickel sieves having uniform pores [J]. Chemical Engineering Science，2013，93 (4)：173 – 180.

[21] Kawano M，Nakashima T，Shimizu M. Articles of porous glass and process for preparing the same [P]. U. S. Patent 4，657，875，1985.

[22] Schröder V，Schubert H. Production of emulsions using microporous，ceramic membranes [J]. Colloids & Surfaces A Physicochemical & Engineering Aspects，1999，152 (1 – 2)：103 – 109.

[23] Joscelyne S M，Tragardh G. Food emulsions using membrane emulsification：conditions for producing small droplets [J]. Journal of Food Engineering，1999，39 (1)：59 – 64.

[24] Yamazaki N，Yuyama H，Nagai M，et al. A comparison of membrane emulsification obtained using SPG (shirasu porous glass) and PTFE [poly (tetrafluoroethylene)] membranes [J]. Journal of Dispersion Science and Technology，2002，23 (1 – 3)：279 – 292.

[25] Suzuki K，Fujiki I，Hagura Y. Preparation of corn oil/water and water/corn oil emulsions using PTFE membranes [J]. Food Science & Technology International Tokyo，1998，4 (4)：164 – 167.

[26] Nazir A，Schroën K，Boom R. High – throughput premix membrane emulsification using nickel sieves having straight – through pores [J]. Journal of Membrane Science，2011，383 (1)：116 – 123.

[27] Vladisavljević G T，Williams R A. Manufacture of large uniform droplets using rotating membrane emulsification [J]. Journal of Colloid & Interface Science，2006，299 (1)：396 – 402.

[28] Kawakatsu T，Trägårdh G，Trägårdh C，et al. The effect of the hydrophobicity of microchannels and components in water and oil phases on droplet formation in microchannel water – in – oil emulsification [J]. Colloids & Surfaces A Physicochemical & Engineering Aspects，2001，179 (1)：29 – 37.

[29] Sugiura S，Nakajima M，Seki M. Preparation of monodispersed polymeric microspheres over $50\mu m$ employing microchannel emulsification [J]. Industrial & Engineering Chemistry Research，2002，41 (16)：4043 – 4047.

[30] Iwasaki Y，Fujimoto K，Akagi H. SPG membrane and membrane emulsification technology [J]. Membrane，1999，24 (5)：304 – 306.

[31] Wagdare N A，Marcelis A T，Boom R M，et al. Porous microcapsule formation with microsieve emulsification [J]. Journal of Colloid & Interface Science，2011，355 (2)：453 – 7.

[32] Nakashima T，Shimizu M，Kukizaki M. Mechanical strength and thermal resistance of porous

glass [J]. Journal of the Ceramic Society of Japan, 1992, 100 (1168): 1411 - 1415.

[33]　Kukizaki M, Nakashima T. Acid leaching process in the preparation of porous glass membranes from phase - separated glass in the Na$_2$O - CaO - MgO - Al$_2$O$_3$ - B$_2$O$_3$ - SiO$_2$ system [J]. Membrane, 2004, 29 (5): 301 - 308.

[34]　Vladisavljević G T, Kobayashi I, Nakajima M, et al. Shirasu porous glass membrane emulsification: characterisation of membrane structure by high - resolution X - ray microtomography and microscopic observation of droplet formation in real time [J]. Journal of Membrane Science, 2007, 302 (1 - 2): 243 - 253.

[35]　Vladisavljević G T, Shimizu M, Nakashima T. Permeability of the hydrophilic and hydrophobic shirasu porous glass (SPG) membranes to pure liquids and its microstructure [J]. Journal of Membrane Science, 2005, 250 (1): 69 - 77.

[36]　Shimizu M, Nakashima T, Kukizaki M. Preparation of W/O emulsion by membrane emulsification and optimum conditions for its monodispersion [J]. Kagaku Kogaku Ronbunshu, 2002, 28 (3): 310 - 316.

[37]　Cheng C J, Chu L Y, Xie R. Preparation of highly monodisperse W/O emulsions with hydrophobically modified SPG membranes [J]. Journal of Colloid & Interface Science, 2006, 300 (1): 375 - 382.

[38]　Kukizaki M. Large - scale production of alkali - resistant Shirasu porous glass (SPG) membranes: infulence of ZrO$_2$ addition on crystallization and phase separation in Na$_2$O - CaO - Al$_2$O$_3$ - B$_2$O$_3$ - SiO$_2$ glasses; and alkali durability and pore mophology of the membranes [J]. Journal of Mmbrane Science, 2010, 360 (1 - 2): 426 - 435.

[39]　Cheng C J, Chu L Y, Xie R. Preparation of highly monodisperse W/O emulsions with hydrophobically modified SPG membranes [J]. Journal of Colloid & Interface Science, 2006, 300 (1): 375 - 382.

[40]　Müller T K H, Cao P, Ewert S, et al. Integrated system for temperature - controlled fast protein liquid chromatography comprising improved copolymer modified beaded agarose adsorbents and a travelling cooling zone reactor arrangement [J]. Journal of Chromatography A, 2013, 1285 (6): 97 - 109.

[41]　You J O, Park S B, Park H Y, et al. Preparation of regular sized Ca - alginate microspheres using membrane emulsification method [J]. Journal of Microencapsulation, 2001, 18 (4): 521 - 532.

[42]　Xiong Z D, Zhou W Q, Sun L J, et al. Konjac glucomannan microspheres for low - cost desalting of protein solution [J]. Carbohydrate Polymers, 2014, 111 (20): 56 - 62.

[43]　Sun L J, Xiong Z D, Zhou W Q, et al. Novel konjac glucomannan microcarriers for anchorage - dependent animal cell culture [J]. Biochemical engineering journal, 2015, 96: 46 - 54.

[44]　Chen X G, Qian Y, Zhang S J, et al. Hydrogen peroxide biosensor based on immobilizing enzyme by gold nanoparticles and thionine [J]. Acta Chimica Sinica, 2007, 65 (4): 337 - 343.

[45]　Chen L G, Liu Z L, Zhuo R X. Synthesis and properties of degradable hydrogels of konjac glucomannan grafted acrylic acid for colon - specific drug delivery [J]. Polymer, 2005, 46 (16): 6274 - 6281.

[46]　Korkiatithaweechai S, Umsarika P, Praphairaksit N, et al. Controlled release of diclofenac from matrix polymer of chitosan and oxidized konjac glucomannan [J]. Marine Drugs, 2011, 9 (9): 1649 - 1663.

[47]　马光辉, 苏志国, 王佳兴, 等. 一种魔芋葡甘聚糖凝胶微球及其制备方法. CN 101113180 B [P]. 2010 - 12 - 08.

[48]　沈建华. 一种魔芋葡甘聚糖凝胶微球的制备方法. CN 102627779 A [P]. 2012 - 08 - 08.

[49]　Graaf S V D, Schroën C G P H, Boom R M. Preparation of double emulsions by membrane emulsification—a review [J]. Journal of Membrane Science, 2005, 251 (1 - 2): 7 - 15.

［50］ Miyagawa Y，Katsuki K，Matsuno R，et al. Effect of oil droplet size on activation energy for coalescence of oil droplets in an O/W emulsions ［J］. Bioscience，biotech and biochemistry，nology，2015，79（10）：1－3.

［51］ Kabalnov A S，Shchukin E D. Ostwald ripening theory：applications to fluorocarbon emulsions stability ［J］. Advances in Colloid &. Interface Science，1992，38（92）：69－97.

［52］ Zhou Q Z，Wang L Y，Ma G H，et al. Multi－stage premix membrane emulsification for preparation of agarose microbeads with uniform size ［J］. Journal of Membrane Science，2008，322（1）：98－104.

［53］ Edwards D A，Brenner H，Wasan D T，et al. Inerfacial transport processes and rheology ［J］. International Journal of Multiphase Flow，1993，19（2）：409－410.

［54］ Florence A T. Emulsions and Emulsions Stability ［J］. International Journal of Pharmaceutics，2007，333（1）：199－199.

［55］ Wang X，Brandvik A，Alvarado V. Probing interfacial water－in－crude oil emulsions stability controls using electrorheology ［J］. Energy &. Fuels，2010，24（12）：6359－6365.

第6章 总结与展望

　　膜乳化是可制备单分散乳液的独特技术。目前膜乳化技术最常用的是 SPG（Shirasu porous glass）膜，这是由 SPG 膜独特的结构性质决定的。SPG 膜表面与本体结构基本一致，弯曲的类椭圆柱形孔道彼此交织并向四周延展，形成三维双连续贯通孔结构。孔的横截面为不规则椭圆形，在膜表面的倾斜角度各不相同，这种结构对于乳液的自发脱离具有重要作用。此外，SPG 膜还具有孔径均一，可制备孔径范围大（50nm～50μm），表面可修饰等优点，因此 SPG 膜成为目前膜乳化技术中使用最广泛的膜件。但 SPG 膜表面呈亲水性，需要疏水改性后才能应用于 W/O 体系。这个过程中存在很多问题，例如修饰不均一、使用过程中易脱落、每次清洗后需要再次修饰、食品药品行业禁止硅烷剂使用等。此外，SPG 膜材本身不耐碱，由 Si－O 键连接的疏水层也极不耐碱，制约了其在碱性体系中的应用。为了解决以上问题，多个研究提出将疏水且耐碱的聚合物多孔膜应用于膜乳化技术中。但目前已有的商品化聚合物膜，由于结构的限制，无法在膜乳化技术中得到广泛应用。为了解决这个问题，我们致力于可控制备一种与 SPG 膜结构相似的，疏水且耐碱的聚合物膜应用于膜乳化技术的 W/O 和碱性体系中。系统研究了环氧树脂体系反应诱导相分离过程中的反应动力学和相分离动力学，分析了环氧树脂体系反应诱导相分离过程中关键因素的影响机制。考察了单因素作用下膜材的结构特性，制备出 0.5～15μm 适用于膜乳化技术的、疏水、耐碱且具有三维双连续贯通孔结构和均一孔径的环氧树脂膜材。进一步将其加工成膜管（片）应用于膜乳化技术的 W/O 体系和碱性体系中，得到了均一粒径的多糖微球。主要结论如下：

　　（1）以 DGEBA/DDCM/P 和 DGEBA/DDCM/P－D 两个体系为研究对象，系统研究了环氧树脂体系等温和非等温固化动力学，考察了体系固化过程中热熵与模量的变化规律。利用光学显微镜（OM）和扫描电镜（SEM）分别观察了不同相分离途径和最终形成的相结构，就相分离过程对相结构的影响做了合理的阐述和解释。通过对环氧树脂体系等温固化和非等温固化动力学的研究发现，P－D 体系准相图位于 P 体系右下方，且就相分离时间而言，前者小于后者。该现象解释了良溶剂的加入使得 EP 材料相结构变化依次为：小球堆积结构、双连续贯通孔结构和闭孔结构，且使得相结构尺寸减小。

　　（2）研究了环氧树脂体系中各关键因素对反应诱导相分离过程及材料形貌的影响规律，结合相图对其影响机制进行了阐释。随着致孔剂浓度增大，体系反应速率降低，浊点和凝胶点延迟。EP 材料相结构变化依次为闭孔结构、双连续结构和颗粒堆积结构。致孔剂分子量的增大降低了体系的反应速率，使体系浊点和凝胶点延迟。EP 材料相结构变化依次为颗粒堆积结构、双连续结构和闭孔结构。良溶剂的加入在改善两相相容性的同时，也影响了体系的反应速率。随着良溶剂溶胀度的增大，EP 材料相结构变化依次为：颗粒堆积结构、双连续结构和闭孔结构。良溶剂浓度的增大降低了反应速率，使体系浊点和凝胶点延迟。EP 材料相结构变化依次为：颗粒堆积结构、双连续结构和闭孔结构。随着单体与交联剂质量比的增大，反应速率减小，体系浊点和凝胶点延迟。EP 材料相结构变化依次为：颗粒堆积结构、双连续结构和闭孔结构。反应温度的升高使反应速率增大，体系浊点和凝胶点提前。EP 材料相结构变化依次为：颗粒堆积结构、双连续结构和闭孔结构。

（3）考察了各影响因素（致孔剂组分、反应组分和温度）作用下，具有双连续贯通孔结构的 EP 材料的孔径变化，随着致孔剂浓度的增大，良溶剂浓度的减小，单体与交联剂质量比的减小，温度的降低，双连续贯通孔结构的孔径增大。在有限的单体与交联剂质量比的调控下，双连续贯通孔结构的孔径尺寸变化非常连续，而且可制备的孔径范围较大。在双连续贯通孔结构孔径的调控过程中，各因素对 EP 材料玻璃转化温度 T_g 和分解温度 T_d 的影响不显著。利用响应面优化法定量分析了体系组成对双连续贯通孔结构孔径的影响。通过定向优化，制备得到了孔径范围为 $0.5 \sim 15 \mu m$ 具有双连续贯通孔结构的 EP 材料。利用改进后的车床法对 EP 材料进行了加工，制备出了适用于膜乳化装置的 EP 膜管（外径 10mm，膜厚度 0.45～0.75mm，长度 20mm）和膜片（直径 30mm，膜厚度 0.45～0.75mm）。

（4）将硅烷偶联剂 KP - 18C 和硅树脂聚甲基硅倍半氧烷 GRT - 350 修饰后的 SPG 膜用于 W/O 体系，发现使用 3～4 次后，修饰层出现不同程度的脱落。与 SPG 膜不同，EP 膜表面疏水，可直接应用于膜乳化技术的 W/O 体系中。同时 EP 膜具有三维双连续贯通孔结构、窄孔径分布（$C.V. = 19.9\%$）和高孔隙率（57.91%，v/v）。首次将自制的 EP 膜用于膜乳化技术的 W/O 体系中，成功制备出了粒径均一的琼脂糖微球（$\bar{d} = 16.53 \mu m$，$C.V. = 11.8\%$）和海藻酸钙微球（$\bar{d} = 0.56 \mu m$，$C.V. = 11.4\%$）。

（5）当用于碱性体系时，无论是 KP - 18C 还是 GRT - 350 修饰后的 SPG 膜，均无法制备出粒径均一的 W/O 乳液。与 SPG 膜不同，EP 膜材具有较强的耐碱性（耐受 1M NaOH）。将 EP 膜应用于碱性体系制备出均一尺寸的小粒径葡甘聚糖（KGM）微球（$\bar{d} = 7.47 \mu m$，$C.V. = 15.35\%$），拓宽了膜乳化技术的应用范围。由于 KGM 乳液具有较大的表面张力和沉降速率，在交联过程中易出现絮凝和聚并的现象。通过对表面活性剂用量、KGM 浆液黏度、油相组成及交联剂加入方式的优化，有效提高了乳液稳定性，缓解了交联过程中的絮凝和聚并问题。

此外，我们以内蒙地区各大电厂所产粉煤灰作为样品来源，开展粉煤灰样品采集、分析筛选工作，制定预处理方案。构建粉煤灰基玻璃体系相图，研究其分相的一般规律，明确原料组成、分相温度及制备工艺对粉煤灰基玻璃体系分相过程以及最终产品物化性质的影响机制，为粉煤灰基多孔玻璃的结构调控提供理论指导。粉煤灰基多孔玻璃在膜乳化技术领域具有巨大的潜在应用价值。实现这一应用，需要满足膜乳化技术对膜材孔径范围、表面性质和形状的要求。因此本项目将以应用为导向，对粉煤灰基多孔玻璃进行孔径调控，并尝试对其表面进行疏水改性，拓宽其在膜乳化技术中的应用范围。

对于今后的研究工作，可以从以下几个方面开展：

（1）EP 材料的成型问题。改进后的车床法是目前 EP 材料成型的最适方法，该方法存在的问题是由于加工技术限制以及膜材本身特性的原因，无法加工长膜管（外径

10mm，膜厚度 0.45～0.75mm，长度 150mm）。长膜加工过程中易出现膜管破裂、断裂情况。此外，钻孔过程中，钻头对膜壁长时间的摩擦也会严重破坏膜孔结构。针对该问题有以下几个解决思路：①探索新的加工工艺，最大程度减小加工对 EP 材料结构的破坏；②选择多功能团单体（例如 TPEGE），增加交联度，提高膜材强度，从而缓解膜材骨架在外力作用下的变形现象；③使用固态致孔剂（例如 PPC 等热塑性树脂）致孔。固态致孔剂可以在加工过程中起到保护膜材骨架结构的作用，加工完成后通过加热等方法将固态致孔剂去除。

（2）EP 膜件的批量生产。建立成熟的 EP 膜件生产工艺，包括 EP 材料的制备、成型和质量评估等。从选材、配料、混合到加热、索提、干燥、成型，每个步骤都会受到外界因素的影响，例如在加热过程中存在界面效应、重力效应和温差效应。因此需要建立成熟的生产工艺从而最大程度地减小外界因素带来的影响，保证膜件制备的批次重复性，为 EP 膜件商品化奠定基础。

（3）作为膜乳化技术中的核心部件，多孔膜对膜乳化结果有着重要影响，其中膜孔大小，膜孔径分布，膜孔结构，膜孔隙率以及膜表面性质均是影响膜乳化结果的重要因素。我们初步证明了 EP 材料应用于膜乳化技术中的可行性，在接下来的研究中可进一步考察 EP 材料结构（包括骨架尺寸、孔径大小和孔隙率）和 EP 膜件尺寸对乳化效果的影响，为 EP 材料在膜乳化技术中的推广应用提供理论指导。

（4）我们研究了环氧树脂体系，关键因素对反应诱导相分离过程的作用机制，得到了不同条件下相结构的演化规律。在接下来的研究中可以利用这一规律制备适用于不同领域的具有不同结构的聚合物材料，例如一定孔径范围内的双连续贯通孔结构可应用于色谱分离领域。

（5）通过选择不同单体和交联剂，可调控材料的物化性质。在接下来的研究中可通过选择合适的单体和交联剂，对材料物化性质进行调控，制备出高强度、超疏水（或超亲水）的聚合物膜材。

（6）探索粉煤灰基多孔玻璃的成型工艺，考察其在膜乳化技术中的应用情况，最终形成粉煤灰高附加值利用制备可应用于膜乳化技术中的低成本多孔玻璃膜的关键技术。